Néandertal, mon frère

Silvana Condemi et François Savatier

Illustrations de Benoit Clarys

Néandertal, mon frère

Flammarion

Les Éditions Flammarion remercient Xavier Müller pour
sa contribution à l'édition du texte.

Infographies : Laurent Blondel/Corédoc

ISBN : 978-2-0813-3483-0

Introduction

Un jour d'été 2010. Il est treize heures au *Café Madame*. J'attends Silvana. Je ne la connais pas encore. Rédacteur à *Pour la Science*, j'ai écrit sur ses recherches dans mon journal. Avec deux consœurs, elle a découvert l'existence des trois sous-populations néandertaliennes, chacune avec son type physique, dont une, la méditerranéenne, vivait le long de la rive sud de l'Europe.

Journaliste scientifique, j'ai le privilège rare d'avoir accès aux chercheurs. J'en use et j'en abuse pour me cultiver à leur contact. Dès que je le peux, je demande à les rencontrer et je les interroge. Aujourd'hui c'est au tour de Silvana, et je suis particulièrement content de la rencontrer, car la paléoanthropologie, que je traite à *Pour la Science*, me passionne depuis que je suis enfant.

En attendant Silvana, je pense à cette magnifique montagne varoise au pied de laquelle j'ai eu la chance d'être élevé. Elle est remplie de grottes habitées à toutes les époques. L'une d'entre elles, située loin dans une vallée forestière encaissée, fut fouillée dans les années 1970. Le petit garçon que j'étais s'y rendait secrètement. Trois mètres sous le carroyage, je me tenais dans les profondeurs des tranchées de fouille et observais avec une immense curiosité les os animaux, les fragments de charbons de bois et les silex taillés, pris dans les parois.

Déjà connaisseur en préhistoire, je me demandais alors si ces outils de pierre étaient moustériens, aurignaciens ou gravettiens ? La réponse – les trois ! – je ne l'ai eue que plus de trente ans plus tard le jour où j'ai enfin trouvé l'article consacré à la grotte en question. J'en ai été sidéré : ainsi, tout au fond des fosses, dans les sédiments les plus anciens se trouvaient des outils moustériens. Des racloirs et couteaux que, bien avant la dernière glaciation, il y a 20 000 ans, un néandertalien méditerranéen a façonné sous la magnifique voûte de roches rouges marquées par la fumée des feux faisant face à cette vallée si familière pour moi…

J'y pense en scrutant les clients qui entrent dans le *Café Madame*. Est-elle déjà là ? Au téléphone, elle s'est décrite en disant seulement qu'elle a des traits typiques de néandertalien : des yeux clairs et une taille plutôt petite. Est-elle aussi trapue qu'un néandertalien ? Avec ça, je suis bien parti pour l'identifier !

Bien que je couvre la préhistoire depuis des années déjà, en ce jour où je rencontre Silvana, je me sens perdu. Les progrès accomplis dans la connaissance de Néandertal en seulement une génération ont provoqué une sorte d'explosion scientifique qui me déroute. J'ai tant de questions à poser.

Tout en scrutant les « néandertaliennes » entrant dans le *Café Madame*, je me replonge à la fin du XXe siècle, afin de bien mesurer le chemin parcouru par la science. À cette époque, pas si ancienne, les paléontologues pensaient avoir saisi l'essentiel de l'histoire évolutive de l'humanité, donc aussi l'histoire de Néandertal, c'est-à-dire de l'espèce *H. neanderthalensis*. Cette espèce humaine, qui nous a précédés en Europe, était censée avoir été éliminée par Sapiens, c'est-à-dire par l'espèce *Homo sapiens*, la nôtre. Sapiens, ce conquérant sorti d'Afrique il y a quelque 100 000 ans est entré en Europe quelque 40 000 ans avant le jour où je me suis retrouvé au *Café Madame* en train d'attendre une paléoanthropologue aux caractéristiques prétendument néandertaliennes…

Penser ainsi d'une dame est quelque peu sans gêne. Justement, l'idée de pouvoir étudier les gènes néandertaliens passait alors pour de la science-fiction. Quant à la culture des sapiens préhistoriques, elle n'avait pu qu'être plus puissante, donc plus raffinée et plus efficace, que celle des néandertaliens. Comment, sinon, expliquer l'évidence : Néandertal a brusquement disparu à l'arrivée des hommes modernes.

Depuis cette vision surannée, les informations concernant Néandertal n'ont cessé de tomber et je suis troublé. Son monde était complexe, c'est sûr. Pour autant, peut-on vraiment reconstruire la vie d'une population, qui ne nous a laissé que ses déchets alimentaires et des outils abandonnés ? Nous avons déjà du mal à rendre vie à l'Égypte pharaonique... Dès lors, comment prétendre restituer ce monde préhistorique sans écriture ? Plus j'apprends sur cet ancien habitant de l'Europe, plus j'ai la sensation d'une complexité bien plus grande que celle que ressentait le petit garçon en train d'examiner des éclats moustériens au fond d'une fosse. Et cela me dérange : Néandertal, je croyais connaître, puisque, enfant, je l'avais déjà rencontré au fond de ma forêt... C'est pourquoi je veux en parler à Silvana qui, je le sais, a vu à peu près tous les fossiles de néandertaliens connus... afin de comprendre pourquoi le nom de Néandertal – normalement évocateur d'une brute épaisse – ne m'évoque plus du tout cela.

La principale raison de mon trouble ? On réalisait alors de plus en plus que les néandertaliens et les sapiens avaient dû se rencontrer et sans doute se côtoyer. Cela changeait tout ! Alors que l'ensemble des paléoanthropologues, pensais-je, étaient persuadé que les deux espèces ne s'étaient pas mélangées (je n'étais pas tout à fait assez bien informé), et qu'à la fin des années 1990, le séquençage de l'ADN mitochondrial de Néandertal l'avait révélé différent de celui de Sapiens, que penser, sinon que Néandertal n'avait pas contribué au fond génétique sapiens ?

C'est du moins ce que je pensais, car, comme le croyaient la plupart des biologistes alors, il semblait impossible qu'une structure aussi fragile et aussi allongée que l'ADN nucléaire ait pu traverser un grand nombre de dizaines de milliers d'années. En effet, avec ses 16 569 paires de bases, l'ADN des mitochondries est tout petit ; avec ses 3,2 milliards de paires de nucléotides, l'ADN contenu dans les noyaux des cellules humaines est en revanche immense. Comment imaginer dès lors que des milliers de siècles après la mort d'un organisme et après que son corps a subi l'assaut de millions de micro-organismes nécrophages, il puisse rester assez d'ADN nucléaire pour le reconstituer ? Impensable, impensable, impensable et, en 2010, assis au *Café Madame*, je n'arrivais pas à y croire…

Pourtant, l'impensable venait de se produire : courant juin 2010, les paléogénéticiens de l'équipe de Svante Pääbo de l'Institut Max Planck à Leipzig venaient de publier 60 % de l'ADN nucléaire néandertalien ! Chose stupéfiante, ils avaient mis au point une méthode pour retrouver les microfragments d'ADN néandertalien laissé dans les os par la décomposition, pour les lire, puis pour les raccorder… En outre, ce miracle scientifique avait livré une conclusion inattendue : chaque habitant de l'Eurasie – les Européens en particulier – portait en lui de 1 à 4 % de gènes néandertaliens. Des néandertaliens comptaient parmi nos ancêtres !

Ainsi, la rencontre entre les deux espèces sœurs avait bien eu lieu… Cette nouveauté inouïe me troublait, et c'est de cela dont j'avais envie de parler au moment où au *Café Madame* j'attendais une dame… Levant les yeux, j'ai alors découvert une femme brune aux yeux bleus. Heu, je croyais les néandertaliens roux et blonds le plus souvent ? Silvana, m'avez-vous induit en erreur ?

Et nous avons commencé à parler de toutes les fausses idées que l'on peut se faire à propos de Néandertal. Et tout cela a pris tellement de temps, que nous avons remis cela au *Café Madame*, au *Poulidor* ou ailleurs encore, et remis cela encore, et encore et encore…

Je voulais tant de certitudes, mais Silvana ne répondait jamais simplement à mes questions. Tout ce qu'elle faisait, savait faire et voulait faire, c'était décrire ses doutes, les siens, mais aussi ceux de ses pairs et les doutes qu'ils n'avaient pas et auraient dû avoir selon elle à cause de résultats… douteux. J'ai fini par connaître l'importance, les détails, les formes, les couleurs de tous les doutes possibles que l'on peut se faire à propos des néandertaliens quand on les connaît autant que possible. J'ai compris que pour ne pas douter à leur propos et continuer à croire qu'ils ne peuvent avoir été que des brutes, il faut ne pas les connaître.

Paradoxalement, à partir de tous ces doutes, un portrait de Néandertal de plus en plus précis et vivant a progressivement émergé devant mes yeux. J'ai alors découvert un personnage étrange car, sur plusieurs points, Néandertal est vraiment différent de nous ; dans le même temps, j'ai découvert quelqu'un d'humain, qui, pour l'essentiel, était si proche de nos ancêtres, si comparable à eux, que c'est un frère humain qui a surgi. De ce frère, de Néandertal notre frère, nous sommes bien plus proches que nous ne le savons, et du reste ce membre de la famille a bien connu nos ancêtres et n'a pu que les influencer beaucoup.

Alors, à mesure que nous faisions, de déjeuner en déjeuner, le tour de la recherche sur les néandertaliens, une discussion est née. Petit à petit, j'ai ressenti l'importance relative de chaque information que nous détenons sur elle la néandertalienne et sur lui le néandertalien. Petit à petit, nous avons repéré des problématiques peu traitées et nous avons constaté avec fascination que nous pouvions y répondre en partie. Tout en n'étant sûrs de… rien bien sûr ! Les années passant et les découvertes s'enchaînant, nous avons accompli un tour informel complet de la recherche sur les néandertaliens et cela nous a amenés à réfléchir sur ce que cela nous dit sur nous-mêmes, c'est-à-dire sur Sapiens.

Bref, nous nous sommes dit ce livre avant de l'écrire. Ce livre est un tissu de doutes, mais si vous le lisez patiemment, vous en tirerez un portrait de notre frère néandertalien. Fiable sans doute…

Figure 1-1 : les périodes glaciaires et interglaciaires se sont succédé en Europe. En haut, les environs du site de la grotte à néandertaliens de Goyet en Belgique sont restitués pendant une phase glaciaire en été, car en hiver la zone était recouverte d'une forte épaisseur de neige ; en bas, le même endroit au début d'une période interglaciaire, alors que la forêt en galerie revient.

1

NÉANDERTAL, FILS DE L'EUROPE ET DU FROID

« Le temps est sage, il révèle tout. »,
Thalès de Milet [1]

Elle est rousse. Elle a les yeux verts. On l'appelle Fiancée rousse depuis qu'elle a l'âge d'avoir un partenaire. Elle a froid. Pelotonnée devant le feu qui ne parvient à réchauffer l'intérieur de l'abri de branchages et de peaux, elle essaie de se distraire en écoutant les hurlements du blizzard, quand, tout d'un coup, des pas se font entendre autour de l'abri. Transie, non plus de froid, mais de peur, elle saisit sans bruit son épieu, et, tout doucement, soulève doucement le pan de peau fermant l'ouverture… À travers les flocons, elle aperçoit un… ours des cavernes. Que fait-il là ? se demande-t-elle, car en plein hiver, il devrait dormir. Elle chausse ses bottes, et veut sortir en trombe pour s'enfuir vers la rivière, quand l'ours se mue soudainement en un jeune homme riant, enduit de sang, qui danse sur une peau.

Fiancé du Nord est revenu vivant. Il a tué un ours. Seul !

Les jeunes néandertaliens imaginaires que nous évoquons ici auraient pu vivre pendant la période glaciaire, qui, il y a quelque 50 000 ans, recouvrit l'Europe d'un froid intense. Nous les imaginons campant dans la forêt, qui est celle qui entoure aujourd'hui Vergisson près de Mâcon. Là se trouvent des sites à néandertaliens, que l'une d'entre nous – Silvana – étudie. C'est dans l'une des nombreuses grottes de cette région, que Fiancé du Nord surprit un ours des cavernes en hibernation et le tua pour obtenir sa précieuse peau. Issus de deux clans voisins Fiancée rousse et Fiancé du Nord pratiquaient une tradition néandertalienne imaginaire, mais vraisemblable : au bord de l'âge adulte, les jeunes néandertaliens gagnaient la liberté d'aller et de venir d'un clan à l'autre, et celle de s'apparier pour une saison avec les « fiancés » des clans voisins, quand il y avait des clans voisins… Les enfants aux gènes mixtes ainsi produits étaient précieusement recueillis par le clan, dont ils accroissaient la vitalité. Les animaux vivant en hordes dans la nature, tels les loups, ont aussi des comportements reproductifs favorisant les flux géniques entre clans. Peut-être en allait-il de même chez les néandertaliens ?

Toutefois, la difficulté de se reproduire n'a pas été le principal problème rencontré par Néandertal. Son pire ennemi, qu'il devait combattre jour et nuit comme le fit Fiancée rousse, était indubitablement le froid. Si nous pouvions observer les techniques de survie dans le froid des néandertaliens, nous serions surpris, et nous aurions sans doute beaucoup à apprendre. Pour autant, l'habileté technique seule ne saurait expliquer leur résistance au froid : leur corps était aussi adapté pour garder la chaleur interne. Clairement, les néandertaliens supportaient beaucoup mieux le froid que nos ancêtres, les premiers sapiens sortis d'Afrique.

La preuve ? Quand nos ancêtres ont rencontré leurs premiers néandertaliens, au Proche-Orient [2], au lieu d'explorer le continent qui leur tendait les bras, l'Europe, ils ont pris plein est. Se dirigeant vers l'Asie [3], ils sont parvenus en Australie avant de pouvoir avancer vers le nord, mettant plus de temps à franchir les cinq mille kilomètres les séparant de l'Europe qu'à couvrir les quinze mille kilomètres de déserts, de forêts, de montagnes, de plaines et de mers les séparant du continent australien ! Pourquoi ? Parce qu'ils étaient des hommes « tropicaux ».

Aujourd'hui, il existe certes des sapiens vivant sous les conditions polaires – les Inuits par exemple –, mais la survie de ces peuples du froid n'a été possible qu'au prix d'une longue adaptation de leurs ancêtres aux climats de l'Asie septentrionale. Comment les premiers sapiens arrivés là ont-ils appris à survivre au froid ? Par une succession d'essais et d'erreurs clairement, mais aussi, probablement, en imitant les néandertaliens.

Il est vraisemblable, en effet, que les premiers clans sapiens qui se sont aventurés vers le nord ont suscité la curiosité des néandertaliens. Un clan perdu dans une nature immense, où l'on se déplace difficilement et où l'on ne rencontre pas souvent d'autres groupes humains, se réjouit forcément de tomber sur une autre bande, et le fait qu'elle soit sapiens ne pèse pas beaucoup face à la curiosité et à l'intérêt d'échanger, notamment des gènes ! Voilà pourquoi les sapiens ont mis plus de temps à atteindre l'Europe que l'Australie : parce qu'il leur a fallu attendre d'avoir assez fraternisé avec le… froid, mais surtout avec ceux qui savaient déjà l'affronter.

Car les néandertaliens, eux, étaient des gens du froid. Si les sapiens ont pu en rencontrer au Proche-Orient, c'est uniquement parce qu'il y a 120 000 ans[4] environ, pendant une période tempérée, pendant laquelle la nourriture était abondante, les néandertaliens se sont multipliés, puis sont sortis de leur berceau européen. Ils ont alors étendu leur territoire jusqu'à la Mésopotamie et l'Asie centrale. Avant cela, les populations néandertaliennes vivaient à l'ouest de l'Eurasie, dans la péninsule européenne, où elles oscillaient au rythme du grand accordéon glaciaire.

Une MIS au point préalable

L'histoire évolutive des néandertaliens est donc européenne et très longue : l'espèce s'est diversifiée et a vécu pendant les quatre cent mille dernières années du Pléistocène, soit la période géologique qui commence il y a 2,6 millions d'années et se termine il y a 12 000 ans. Or les formes vivantes sont adaptées et sélectionnées par les conditions régnant dans leur habitat. Dès lors, comprendre la biologie et le mode de vie des néandertaliens et de leurs ancêtres est impossible si on ne prend pas en compte ce qu'a été l'environnement européen pendant le dernier million d'années, pas moins.

De fait, la lente apparition de la lignée néandertalienne et de ce qui la singularise est un spectaculaire exemple de la façon dont le climat modèle les êtres vivants. Celui de l'Europe à la fin du Pléistocène était instable : pendant les quelque vingt mille générations qui nous intéressent (vingt ans par génération, probablement moins), soit 400 000 ans, trois grands cycles glaciaire-interglaciaire entrecoupés de fluctuations climatiques rapides, se sont succédé, affectant l'habitat néandertalien. À l'échelle du continent, cette histoire climatique ne nous est connue aujourd'hui que dans les grandes lignes. Cependant, même si cent soixante années de recherche sur les néandertaliens en ont fait le groupe humain fossile que nous connaissons le mieux, les fossiles néandertaliens sont à la fois rares, incomplets, dispersés sur toute la fin du Pléistocène et répartis sur tout le continent européen. On ne peut donc en tirer aucune conclusion si on ne sait les placer correctement dans le temps. Cela nous renvoie au problème central en préhistoire de la datation des fossiles et des événements qui ont fait l'histoire climatique. Comment procède-t-on à cet égard ?

Pour dater les événements qui constituent l'histoire climatique de notre planète pendant les 400 000 ans de la néandertalisation, c'est-à-dire pendant la période ou l'on peut suivre les processus évolutifs et adaptatifs qui ont produit les néandertaliens, les préhistoriens emploient aujourd'hui la chronologie isotopique. Ce système fait appel à la notion de stade isotopique marin de l'oxygène, que l'on désigne par le signe de MIS (de l'anglais *Marine Isotopic Stage*). C'est elle qui a permis de retracer l'histoire climatique de chaque région de la planète, à commencer par l'Europe.

Ainsi, le temps est bien loin où un professeur et ses étudiants, un amateur de préhistoire ou un érudit local, fouillaient spontanément un site en le datant seulement d'après sa stratigraphie - en identifiant les couches successives du sol - et les faunes qui lui étaient associées. Aujourd'hui, une fouille préhistorique ressemble à une ruche où s'activent toutes sortes de spécialistes. Ceux-ci prélèvent dans les sédiments les pollens, charbons, artefacts, vestiges fossiles, etc., et vont les étudier ou les faire étudier dans des laboratoires parfois lointains, où se trouvent tous les instruments de précision nécessaires. Cela concerne tout particulièrement les datations et les micro-organismes fournissant des indications climatiques.

En arriver là n'a cependant rien eu d'évident, car l'idée que le climat aussi a un passé est restée étrangère aux savants jusqu'au XIXe siècle. N'oublions pas que jusqu'à ce siècle, on emploie la chronologie biblique, dans laquelle notre planète est censée dater d'un peu plus de 4 000 ans… Quand, enfin, les savants eurent admis que la Terre avait changé depuis le Déluge, ils mirent au point une échelle de périodes chronologiques : la chronologie alpine. Restée omniprésente jusqu'aux années 1970, elle est encore si souvent utilisée que nous allons raconter sa genèse, puis son remplacement tardif par la chronologie isotopique.

Des créatures d'avant le déluge

C'est Jacques Boucher de Perthes, le père français de la science préhistorique, qui comprit le premier que la Terre a une histoire géologique. Alors que vers 1828, il travaillait à l'enrichissement d'un musée local, ce directeur des douanes remarqua d'épais dépôts sédimentaires dans la vallée de la Somme. En leur sein, on trouvait des « pierres de foudre », de curieux silex qui avaient une forme très symétrique de grosses larmes. Boucher de Perthes osa lancer l'idée que ces pierres, que l'on appelle de nos jours des bifaces, étaient des outils façonnés par des « hommes antédiluviens ». Il défendit sa conception avec persévérance, avançant même que ces humains avaient connu les grands animaux disparus, tel le mammouth. Inutile de dire qu'avec une telle audace, venue en plus d'un amateur, il s'attira les foudres des hommes de science, dont certains allèrent jusqu'à lui intenter un procès.

D'autres, en revanche, soutinrent Boucher de Perthes, car l'idée d'une Terre ancienne leur paraissait plus plausible que le contraire. En 1818, en effet, le géologue allemand Johann von Charpentier avait émis l'hypothèse que les glaciers alpins pouvaient avoir été plus étendus par le passé. L'idée avait inspiré deux de ses contemporains : le botaniste allemand Karl Friedrich Schimper et son ami, le géologue suisse Louis Agassiz. Ensemble, ces savants avaient élaboré la toute première théorie des glaciations, formulant l'hypothèse que les moraines et autres amas de débris rocheux disposés en couches qui s'observaient dans les vallées alpines, avaient été formés par des glaciers différents et à des époques elles-mêmes différentes.

C'est sur cette base que, vers 1909, les géologues allemands Albrecht Penck et Eduard Brückner ont établi la chronologie alpine. Ils ont identifié quatre grands cycles glaciaires alpins, qu'ils ont baptisés Günz, Mindel, Riss et Würm, d'après les noms d'affluents alpins du Danube. À ces quatre glaciations correspondent trois stades interglaciaires : Günz-Mindel, Mindel-Riss et Riss-Würm. La glaciation de Günz est placée entre 600 000 et 540 000 ans, celle de Mindel entre 480 000 et 430 000 ans, celle de Riss entre 240 000 et 180 000 ans, et celle de Würm entre 120 000 et 10 000 ans. Toujours largement en usage, cette chronologie est imprécise, car à chaque glaciation, les glaciers tendent à recouvrir les traces laissées dans les vallées alpines par ceux de la période froide précédente. Est-il par ailleurs raisonnable d'appliquer un système chronologique lié aux hautes montagnes dans la plaine de Rome, où le climat est tempéré par la mer proche ? Ce n'est que dans les années 1950 que les préhistoriens ont commencé à admettre le manque de pertinence de la chronologie alpine… loin des Alpes.

Certains paléoanthropologues avaient cependant réalisé le problème bien avant. Vers 1944, la grande figure de la paléoanthropologie italienne qu'était Sergio Sergi chercha par exemple à dater le premier crâne néandertalien complet italien : un fossile découvert en 1929 à Saccopastore près de Rome que Silvana a étudié en grand détail [5]. Il constata que, d'après la chronologie alpine, le néandertalien de Saccopastore aurait dû avoir vécu dans un climat froid, alors que, d'après les pollens de fleurs et la faune qui l'entouraient, il avait manifestement connu un climat tempéré. Pour lever cette difficulté, il attira l'attention sur la théorie astronomique du climat de Milutin Milanković qui, parce qu'elle avait été publiée en 1941 et en allemand, n'avait pas reçu l'écho qu'elle aurait mérité.

Trois paramètres et c'est tout

Cet immense savant, à la fois ingénieur, mathématicien, géophysicien, astronome et climatologue avait, pendant son séjour dans les prisons de l'Empire austro-hongrois où se retrouvaient souvent les nationalistes serbes, eu l'intuition que les glaciations et les déglaciations résultent des variations cycliques de l'orbite terrestre. Trois rythmes affectent ces variations, l'un à période longue et fluctuante, comprise entre 413 000 et 100 000 ans, et les deux autres à périodes plus courtes, de 40 000 ans et de 21 000 ans. Parce qu'ils modifient la distance Terre-Soleil, ces rythmes modulent l'intensité du rayonnement solaire, de sorte que la connaissance de trois paramètres astronomiques – les paramètres de Milanković – suffit pour calculer l'énergie solaire reçue par telle ou telle région de la Terre au cours des âges géologiques.

C'est ainsi que les situations de faible insolation sont favorables à la formation dans l'hémisphère Nord de calottes glaciaires (inlandsis). Une fois formés, ces immenses glaciers retiennent de plus en plus l'eau apportée par les nuages. Leur inertie thermique ne la leur fera libérer que plusieurs milliers d'années après que l'évolution des paramètres de l'orbite terrestre aura recréé une situation de plus forte insolation. L'influence du niveau d'insolation est compliquée par le fait que les calottes glaciaires, une fois formées sur un hémisphère, renvoient dans l'espace la plus grande partie du rayonnement solaire qu'elles reçoivent. De plus, l'inertie thermique implique que de nombreux siècles de fonte sont nécessaires pour faire disparaître une calotte d'épaisseur kilométrique.

La complexité de la théorie astronomique du climat explique qu'elle n'a été pleinement acceptée qu'au début des années 1980, une fois confirmées les variations de la température moyenne terrestre, grâce aux travaux de Cesare Emiliani. À la fin des années 1940, ce géologue italien émigra aux États-Unis afin d'y faire de la recherche sur l'étude chimique des isotopes, ces versions du même atome qui ont des masses atomiques différentes. Il montra grâce aux isotopes de l'oxygène (O^{18} et O^{16}) qu'au cours des 400 000 dernières années, la température de la surface de la mer des Caraïbes avait varié de la façon prédite par Milutin Milanković[6].

Enfin, les cycles de la température terrestre moyenne sont devenus une évidence avec l'étude d'une autre grande composante de la machine climatique : les courants marins. Le Gulf Stream, par exemple, transporte beaucoup de chaleur depuis le golfe du Mexique vers la façade occidentale de l'Europe, ce qui explique que les hivers de France sont tempérés, tandis que ceux du Canada, situé à la même latitude de l'autre côté de l'Atlantique, sont glaciaux. Or des variations brusques de la circulation marine se sont produites au cours du temps, sous l'effet des grandes quantités d'eau douce apportées par la fonte des icebergs libérés par les calottes glaciaires nord-américaines. Nommées événements d'Heinrich, ces phases de fonte sont enregistrées dans les sédiments marins sous la forme de dépôts caractéristiques des matériaux contenus dans les icebergs.

Aujourd'hui, la théorie astronomique du climat, complétée par l'étude des variations de la température et de la circulation des courants marins du passé s'est imposée. Les seize épisodes MIS qui couvrent la période qui nous intéresse ici, à savoir les derniers 700 000 ans, permettent désormais de relier tant les fossiles précédant la lignée néandertalienne (vieux de plus de 400 000 ans), ceux des prénéandertaliens (à partir de 400 000 ans) et ceux des néandertaliens (de 200 000 à 35 000 ans) à une période géologique et à un climat. Voilà qui aide à rendre compte des caractéristiques physiques de ces humains en les associant à des pressions sélectives environnementales enfin bien repérées dans le temps. On mesure alors d'autant mieux à quel point des températures basses et les conséquences qu'elles ont eues sur l'habitat ont pesé sur la longue histoire de la lignée néandertalienne.

Néandertal, fils du temps géologique et du climat

Pour reconstituer les conditions environnementales ayant régné en Europe au cours des différents stades isotopiques MIS, les préhistoriens analysent finement la terre des sites attribués à chacun de ces épisodes : ils tamisent les sédiments à la recherche de fins ossements, de dents minuscules (de petits mammifères, des poissons et des oiseaux), de pollens et de spores. La présence ou l'absence de ces microfossiles, associée à l'analyse des macrofaunes, fournit des indications précises sur les conditions climatiques du site et des paysages qui l'entouraient. C'est en compilant l'ensemble de ces données qu'on a petit à petit su à quoi ressemblait notre continent aux âges glaciaires. Montons à bord d'une machine à voyager le temps et allons faire un tour dans l'Europe de Néandertal.

Un éden interglaciaire…

Le climat de l'Europe a sans cesse changé pendant le Pléistocène, induisant des faunes et des paysages pendant les périodes glaciaires très différents de ceux des périodes interglaciaires. Pendant les interglaciaires, le climat se réchauffait et devenait souvent plus humide. La nature redevenait généreuse, tandis que la forêt regagnait du terrain ; la mer remontait et ennoyait les plateaux continentaux.

C'est du reste à la faveur d'une période interglaciaire qu'il y a quelque 500 000 ans, les lointains ancêtres des néandertaliens sont passés d'Afrique en Europe. Arrivés en très petit nombre, ces *Homo heidelbergensis* se sont répandus dans un immense territoire, presque vide de concurrents humains. Notre continent – et cela reste valable pour chaque interglaciaire – était alors comparable à ce que serait l'Europe d'aujourd'hui si nous en retirions les autoroutes, le béton et les champs, pour laisser la forêt tout recouvrir et les loups dominer, à côté de quelques grands chats (comme les lions, les panthères et les lynx), d'hyènes et d'ours de différentes espèces.

Le long des fleuves, les aurochs (vaches sauvages), les rhinocéros, et les éléphants ouvraient et maintenaient des espaces ouverts, où les clans de chasseurs venaient prélever l'essentiel de leur gibier. Les hommes côtoyaient également des cerfs, des mégacéros (des cerfs géants à ramure immense), des chevreuils, des daims et des sangliers. Les bisons, les antilopes saïga, les rhinocéros à poils laineux ou les rennes étaient absents des régions méditerranéennes pour se réfugier plus au nord, en Europe septentrionale ou en Sibérie.

La biomasse végétale et animale exploitable était très importante, mais se trouvait surtout dans l'épaisse forêt, dangereuse et difficilement pénétrable. Certes, les groupes humains exploitaient sans doute davantage les ressources végétales que pendant les périodes très froides, mais ils pratiquaient la cueillette dans des clairières et surtout le long des cours d'eau. Le plus souvent, la cueillette et un peu de chasse suffisaient à leur survie et leur permettaient de croître, de s'étendre sur un plus ample territoire, voire de coloniser une partie de l'Asie.

... suivi d'un enfer givré

Pendant les périodes glaciaires au contraire, les populations humaines régressaient numériquement tant le climat devenait rude : les glaciers du Nord s'étendaient et réduisaient le territoire habitable, tandis que la steppe, la toundra, la taïga et plus généralement les paysages ouverts dominaient l'environnement au sud des masses glaciaires. Dans le même temps, le niveau de la mer baissait. La France du Nord, par exemple, a souvent dû ressembler à l'Arctique canadien actuel. Pour les chasseurs, les conditions de vie étaient dures, mais pas rédhibitoires, loin de là. Le retour du froid signifiait des modifications importantes d'environnement. Les herbacées, les lichens et les mousses gagnaient du terrain sur les milieux forestiers et la toundra-steppe s'étendait sur de vastes territoires, créant une situation très favorable à la formation de troupeaux de grands herbivores et à une augmentation de la biomasse animale.

Ainsi, les bisons, les chevaux, les mammouths, les rhinocéros à poils laineux, les bœufs musqués, et les rennes pullulaient dans les steppes entourant les masses glaciaires malgré la température toujours négative. Pour les chasseurs-cueilleurs, ces troupeaux constituaient une ressource assez facile à chasser, abondante et aisément repérable dans le paysage.

Enfin, avec le recul de la mer, des parties considérables des marges continentales (aujourd'hui recouvertes d'eau) ont alors émergé. Quand elles étaient assez éloignées des calottes glaciaires, elles pouvaient aisément se recouvrir de toundra, attirant les troupeaux et leurs prédateurs, parmi lesquels les groupes de chasseurs-cueilleurs. Pendant un maximum glaciaire, le territoire européen est recouvert de glaciers dans sa moitié nord et sur les Alpes et les Pyrénées. Au sud des glaciers nordiques se trouvent d'immenses steppes, tandis que les forêts ont été repoussées sur le pourtour méditerranéen.

C'est ainsi que pendant les époques glaciaires, l'actuel Royaume-Uni est resté longtemps en continuité territoriale avec la France, de sorte que les ancêtres des néandertaliens, les *Homo heidelbergensis* et les prénéandertaliens ont pu y pénétrer. Puis, il y a plus de 200 000 ans, au Pléistocène moyen, la barrière naturelle de collines retenant l'immense lac d'eau douce qui se formait à chaque débâcle glaciaire à la place de la mer du Nord a cédé[7]. Après une inondation catastrophique, un puissant fleuve – le fleuve Manche – s'est formé qui, à partir de ce moment, a drainé à chaque glaciation les calottes glaciaires de l'ouest de l'Europe, collectant les eaux

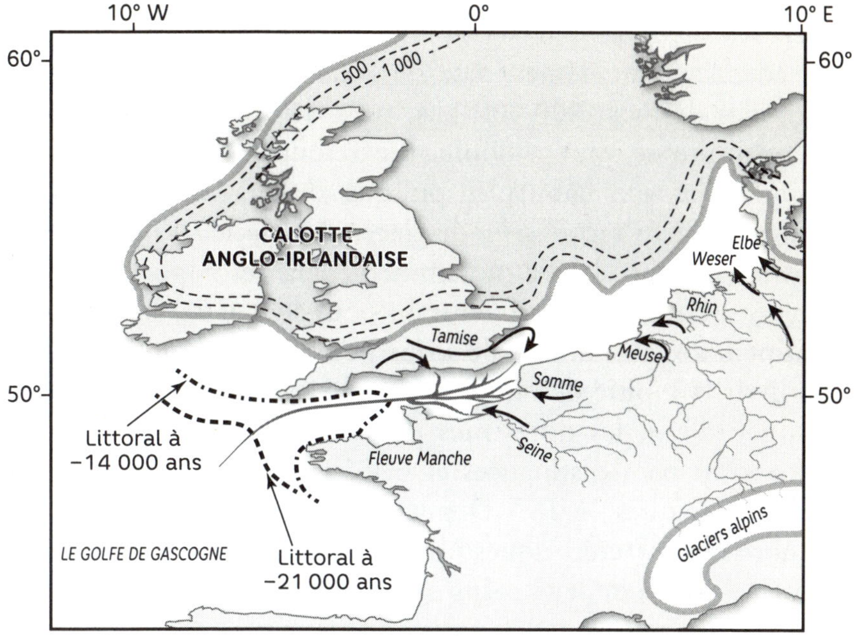

Figure 1-2 : avant l'ouverture de la Manche et la fonte des glaciers, l'Europe était drainée par un système de cours d'eau se jetant tous dans un grand fleuve occidental : le fleuve Manche. Des inlandsis, c'est-à-dire des calottes glaciaires d'épaisseurs plurikilométriques, couvraient ce qui allait devenir les îles Britanniques et le nord de l'Europe.

des fleuves occidentaux tels la Tamise, le Rhin, l'Elbe, etc. (*cf.* figure 1-2). Après cet événement catastrophique, la pénétration des néandertaliens dans ce qui allait devenir l'Angleterre est devenue plus rare.

Un territoire oscillant au rythme des glaciations

Cette Europe de Néandertal, froide ou tempérée, glaciaire ou interglaciaire, a existé pendant tout le Pléistocène moyen et supérieur, c'est-à-dire pendant la période qui va d'il y a 781 000 ans à 11 700 ans. Ainsi, pas moins de huit périodes glaciaires séparées par des périodes interglaciaires se sont succédé. Pendant l'émergence de Néandertal, c'est-à-dire au cours des derniers 400 000 ans, trois de ces cycles glaciaire-interglaciaire se sont produits. Le retour du froid réduisait toujours l'espace habitable, puisque de grandes parties de l'Europe étaient recouvertes de glace. Des glaciers s'installaient dans les régions élevées, notamment dans les Alpes, dans les Pyrénées, dans le Massif central ; pour leur part, les glaciers continentaux du nord de l'Europe pouvaient s'étendre jusqu'à recouvrir la moitié de l'Europe actuelle.

Aujourd'hui, les différentes périodes glaciaires et interglaciaires sont bien distinguées et placées dans le temps par les stades isopiques MIS. Depuis l'identification des MIS, nombre des caractéristiques physiques néandertaliennes, telles la forme râblée de leur corps ou la morphologie de leur face, ont pu être reliées à des pressions sélectives environnementales datées.

Anticipons un peu sur la suite, et soulignons que les périodes interglaciaires et glaciaires n'ont pas toutes eu des effets égaux sur l'évolution de Néandertal. Les changements climatiques rapides ne le sont qu'à l'échelle géologique… Même s'ils sont imperceptibles à l'échelle d'une génération (soit 20 ans au plus chez les néandertaliens) ou même de cent générations (soit 2 000-2 500 ans), ils ont constitué de véritables chocs pour les populations humaines. L'augmentation ou la baisse de la température moyenne, et les réductions ou fragmentations du territoire habitable provoquées par des modifications rapides du climat changeaient tout dans la vie d'un clan de chasseurs-cueilleurs, qui, pour s'adapter, devait faire appel aux seules ressources de sa culture et de son environnement.

Pour leur part, les changements climatiques lents (les périodes glaciaires dans notre cas), ceux qui s'effectuent à l'échelle géologique, c'est-à-dire en mille générations (soit

20 000-25 000 ans), exercent une pression sélective durable. Les squelettes fossiles et les dents en portent donc la trace bien visible. Avec le renouvellement des générations, les organismes présentant des mutations avantageuses sont sélectionnés, car ce sont eux qui sont les mieux adaptés au climat. Ce dernier joue également un rôle crucial dans l'évolution des cultures humaines, car il conditionne la taille de la population et le nombre de ceux qui contribuent à sa culture, donc la stagnation ou l'innovation.

C'est en particulier en affrontant les températures basses des périodes glaciaires et les conséquences qu'elles ont eues sur la fragmentation de leur habitat et de la réduction de leur population que les néandertaliens ont acquis leurs caractéristiques physiques si particulières. Nous allons maintenant les examiner de près.

Figure 2-1 : les bifaces étaient en quelque sorte le couteau suisse des préhistoriques. Deux néandertaliens en train d'en tailler se tiennent compagnie.

2

L'ÉMERGENCE DE LA LIGNÉE NÉANDERTALIENNE

« Les anciens hommes [...] ne naissaient pas les uns des autres [...]. Mais à cause du long espace de temps, [ils] ont été détachés de l'ensemble qu'ils formaient, et se racontent séparément », Platon [1].

Les autres membres du clan l'appellent Femme médecine. Assise près du feu qui chasse l'obscurité et la morsure du froid, elle prépare un mélange constitué de morceaux de foie séché et de myrtilles à l'aide d'un biface. Cette préparation deviendra la base d'une décoction contre le rhume. Une jeune fille nommée Silencieuse se tient à ses côtés. Elle ne dit pas un mot, prêtant une attention infinie aux gestes de la guérisseuse. Femme médecine retire des galets brûlants du feu, les époussette avant de les plonger dans la marmite, un simple trou tapissé d'argile aménagé dans le sol. L'une des pierres est si chaude qu'un sifflement se fait entendre.

— D'où viennent les gens ? demande soudain Silencieuse, un abysse de curiosité.

— Cela dépend des clans. Nous, nous sommes des ours qui avons décidé il y a très longtemps de marcher debout.

— Est-ce que tu étais née quand cela est arrivé ?

Femme médecine s'esclaffe, puis dit :

— Non jeune fille. Cela a eu lieu il y a autant d'années qu'il y a de bisons dans la plaine et de poils sur ces bisons.

Silencieuse plisse les yeux en essayant de réaliser ce nombre.

Qui étaient les ancêtres des néandertaliens ? Des hommes fraîchement arrivés d'Afrique, la terre mère de toutes les espèces humaines, ou une espèce déjà implantée en Europe ? L'Europe est le berceau de l'homme de Néandertal, mais lui et ses ancêtres directs ont-ils été pour autant les premiers à fouler le sol de notre continent ? Les paléontologues aujourd'hui en sont sûrs : les premiers Européens descendaient sans doute d'une ou de plusieurs vagues humaines *(Homo ergaster* ou/et *Homo erectus)* sorties d'Afrique il y a plus d'un million d'années. Les plus anciens fossiles issus de ces vagues ont été retrouvés sur le site de Dmanisi [2], en Géorgie, donc aux portes de l'Europe. Si l'on sait peu de chose sur la progression en Europe de ces pionniers, on peut néanmoins la suivre grâce aux galets grossièrement taillés qui leur servaient d'outils. Ces galets dits « aménagés » ont été retrouvés en différents endroits de notre continent, dans le Massif central notamment.

Plusieurs autres vagues migratoires ont suivi la première dans le couloir levantin. En témoigne, au Proche-Orient, le site d'Oubédija [3] dans la vallée du Jourdain, qui est vieux de 1,3 million d'années et le site de Kocabas [4] en Turquie, datant d'un million d'années environ.

Ces anciens humains progressèrent rapidement, puisque l'on a retrouvé des fossiles d'âges correspondants à Atapuerca, un site dont les nombreux fossiles sont si spectaculaires qu'il en est devenu un centre scientifique majeur de la paléontologie humaine (*cf.* encadré page suivante). Plus émouvant, il y a environ 780 000 ans, un clan de ces « Africains » a laissé douze traces de pas dans la boue d'un estuaire à Happisburgh en Angleterre [5]. Ces empreintes, les plus anciennes jamais découvertes en

Europe, nous renseignent sur la taille de ces hommes de type tropical : la longueur des pas, la profondeur des empreintes et la taille des pieds indiquent qu'au moins cinq individus mesurant de 90 centimètres à 1,7 mètre sont passés par Happisburgh : des adultes accompagnés d'enfants.

Atapercua, un haut lieu de la paléontologie néandertalienne

Nous devons nos connaissances sur l'histoire évolutive du peuplement de l'Europe à la construction au XIXe siècle d'une voie ferrée à travers les montagnes d'Atapuerca en Castille. La tranchée creusée lors des travaux a donné accès à des strates géologiques couvrant une période commençant il y a plus d'un million d'années et se terminant il y a environ 30 000 ans, peu après la disparition des néandertaliens. Les gisements fossilifères d'Atapuerca, ceux de Sima del Elefante (le « gouffre de l'éléphant »), de Gran Dolina (pas situé sur la voie ferrée, mais à côté dans une doline, une cuvette dans le sol calcaire) et de Sima de los Huesos (le « gouffre aux ossements ») couvrent pour cette raison toute l'histoire évolutive du peuplement de notre continent, depuis *H. antecessor*, le tout premier Européen jusqu'à *H. sapiens* en passant par *H. neanderthalensis et* par son ancêtre *H. heidelbergensis.*

Entamées en 1978 par Emiliano Aguirre de l'Université de Madrid, les fouilles n'ont depuis cessé de livrer des découvertes majeures. Nous ignorons si les nombreux squelettes que les préhistoriens espagnols découvrent dans la Gran Dolina (riche en fossiles d'*H. antecessor*) y ont été jetés, ou s'ils y sont tombés par inadvertance comme à Sima de los Huesos (site à *H. heidelbergensis*), mais une chose est sûre : ils nous ont appris comment placer l'histoire évolutive de nos frères néandertaliens dans la grande histoire du peuplement de l'Europe et dans son histoire climatique. Et cela, nous l'ignorions, il y a 20 ans encore !

L'ensemble des gisements d'Atapuerca est si important qu'il a été classé au patrimoine de l'humanité par l'UNESCO, tandis que la ville voisine de Burgos accueille un musée majeur doté d'un centre de recherche international. Ce centre, le Centre national d'investigations sur l'évolution humaine (CENIEH) est devenu l'une des plaques tournantes de la recherche européenne en évolution humaine. De plus en plus connu du grand public, Atapuerca tend même à devenir l'une des étapes des pèlerins en marche sur la route de Saint-Jacques-de-Compostelle !

Toutefois, c'est la série de squelettes fragmentaires d'Atapuerca qui nous donne le plus d'informations sur l'aspect physique des tout premiers Européens – à qui le terme d'*Homo antecessor* a été attribué [6]. Ces premiers habitants sur notre continent n'étaient pas les ancêtres de Néandertal, mais ils ont peut-être contribué un peu à sa lignée. Comment étaient-ils ? La forme de leur corps était-elle semblable à celle des formes humaines africaine et asiatique de la même période ? Ou bien non, car ils auraient été déjà endémiques, c'est-à-dire spécifiques à l'Europe ? Il est difficile de trancher, étant donné que nous ne disposons que d'une dizaine de fragments fossiles d'*Homo antecessor.*

Quoi qu'il en soit, le véritable ancêtre des néandertaliens – *Homo heidelbergensis* – correspond sans doute à une autre vague migratoire qui a atteint l'Europe pendant une période interglaciaire, il y a quelque 600 000 ans. L'arrivée d'*H. heidelbergensis* se manifeste de façon frappante par l'apparition du biface dans les couches géologiques en Europe occidentale. Obtenu en détachant des éclats sur les deux faces d'un bloc de matière première, ce « couteau suisse paléolithique » a divers usages : casser un os, découper de la viande, couper des végétaux, racler des peaux, etc. (voir p. V du cahier central).

Les bifaces ne sont pas une spécialité d'*H. heidelbergensis* (il y a environ 1,8 million d'années, *Homo ergaster* en débitait déjà en Afrique sur les rives du lac Turkana au Kenya [7]), mais ceux que cette espèce réalise frappent de par leur finition soignée, que soutient un choix soigneux de la matière première, souvent sélectionnée pour sa beauté et sa couleur. Déjà, dans les années 1970, le préhistorien français André Leroi-Gourhan avait voulu voir dans cette beauté lithique la première manifestation de l'existence de préoccupations esthétiques chez nos lointains ancêtres. Pour lui, les « premiers hommes [...] recherchaient non seulement la fonction de l'objet, mais aussi la beauté de sa forme [8] ».

De somptueux bifaces en silex taillés par les ancêtres des premiers néandertaliens ont été exhumés dans la vallée de Somme. Ils sont visibles au musée d'Abbeville. Toutefois, le cas le plus impressionnant est sans doute celui du biface en granite rose et jaune découvert à Atapuerca : d'un degré de finition impressionnant, il n'a jamais été utilisé avant d'être jeté dans un puits calcaire il y a quelque 400 000 ans. Sans doute en même temps qu'un défunt. S'agit-il de la plus ancienne offrande funéraire de l'humanité [9] ?

Si l'on a découvert des bifaces par-ci par-là dans différents sites en Europe, le site anglais de Boxgrove [10] en a produit une moisson particulièrement importante. Les outils, plus d'une centaine, datent d'environ 500 000 ans, datation absolument certaine car elle résulte de l'empilement des strates géologiques.

Après le château d'Heidelberg… sa mâchoire

Que savons-nous sur l'évolution de *H. heidelbergensis* en Europe ? Comment sa morphologie s'est-elle transformée après qu'il est arrivé sur notre continent ? Pour répondre à ces questions, nous disposons d'une belle série de fossiles répartis dans toute l'Europe : 130 fragments se rapportant à 7 ou 8 individus sur le site de Tautavel dans les Pyrénées orientales, 3 000 fragments dont des crânes complets correspondant à 28 individus au moins sur le site de Sima de los Huesos en Espagne, un os occipital à Vertezöllös en Hongrie, quelques dents à Visogliano, un crâne à Ceprano et un fémur à Venosa en Italie, un tibia à Boxgrove en Angleterre et… le tout premier fossile de *H. heidelbergensis* jamais trouvé : la mandibule de Mauer en Allemagne.

Trouvée en 1906 dans une sablière, cette mandibule fut attribuée à une nouvelle espèce humaine par le géologue Otto Schoetensack qui en fit, deux ans plus tard, la première

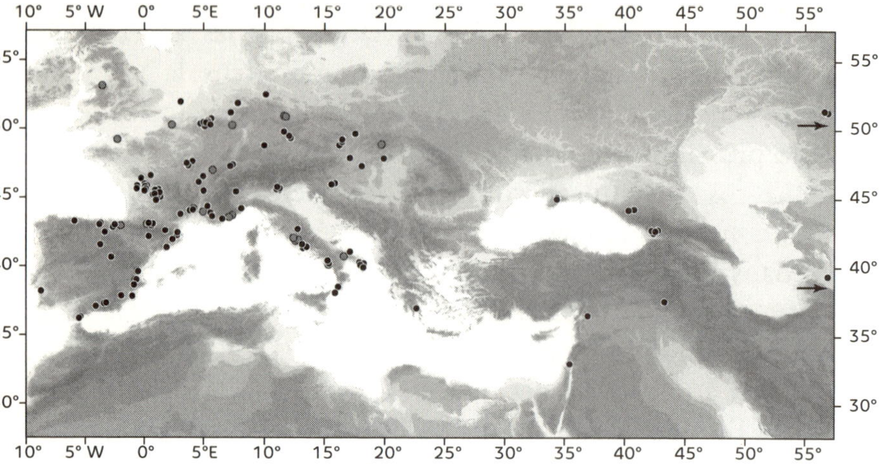

Figure 2-2 : Le territoire néandertalien repéré par la répartition des occupations prénéandertaliennes (cercles gris foncé) et néandertaliennes (cercles noirs). Les sites indiqués par les deux flèches, beaucoup plus à l'est, sont ceux de Okladnikov et Denisova en Asie centrale et celui de Teshik-Tash en Ouzbékistan. D'après O. Jöris, 2014 modifié.

description. C'est lui qui forgea le nom *Homo heidelbergensis* d'après celui de la ville voisine de Heidelberg. Soulignons la clairvoyance de Schoetensack qui reconnut d'emblée une nouvelle espèce humaine dans un os unique. Au début du XXe siècle, aucune méthode ne permettait de dater les ossements et seules quelques mandibules néandertaliennes étaient connues. Schoetensack a donc dû résister à la tentation d'attribuer la mandibule de Mauer à *Homo neanderthalensis.* D'autant plus que l'os ne présentait que quelques traits archaïques par rapport aux mandibules néandertaliennes.

L'espèce mise au jour par Schoetensack aurait dû rester une note en bas de page dans un ouvrage de paléontologie. En effet, les découvertes asiatiques de fossiles (les pithécanthropes ou « hommes de Java » et les sinanthropes ou « hommes de Pékin ») fournissaient des cas d'espèces humaines issues d'*H. erectus* plus anciennes que *H. neanderthalensis*, ce qui fit tomber dans l'oubli la trouvaille de Schoetensack. *H. erectus* prit donc le devant de la scène et l'idée qu'il ait pu exister une espèce différente vivant en Europe au même moment fit sourire.

Mais les 3 000 restes osseux humains d'Atapuerca, comprenant des crânes complets, changèrent la situation. Les datations des 28 squelettes correspondants s'étagent entre 350 000 et 450 000 ans, voire 500 000 ans [11] et tous portent des caractères archaïques. Quand les paléontologues eurent pris ces faits en compte, la mandibule de Mauer fut de nouveau attribuée à une espèce distincte d' *H. erectus*. Datée en 2010, la mandibule de Mauer s'est avérée vieille de quelque 600 000 ans. Cela en fait le plus ancien fossile de la lignée néandertalienne en Europe.

Pour nommer cette espèce différente d'*H. erectus*, on reprit le nom proposé par O. Schoetensack : *Homo heidelbergensis*. On ignore si à leur arrivée, d'Afrique, les membres de cette espèce ont totalement remplacé la population européenne présente sur le territoire *(Homo antecessor)* ou s'ils l'ont absorbée. En revanche, leur irruption en Europe n'a pas, semble-t-il, signifié leur disparition d'Afrique. La plupart des paléoanthropologues spécialisés dans cette période considèrent *Homo heidelbergensis* comme une espèce africaine aussi.

Cette hypothèse d'une espèce humaine archaïque qui aurait été commune à l'Afrique et à l'Europe, voire à l'Asie, reste pourtant très discutée. C'est pourquoi nombre de chercheurs étudient des fossiles africains (*Bodo* originaire d'Éthiopie ou *Ternifine* d'Algérie, des noms moins connus que Lucy ou Toumaï, mais tout aussi importants) afin de prouver qu'ils appartiennent bien à la même forme humaine [12]. Encore incomplets, leurs résultats semblent valider l'hypothèse d'une présence d'*H. heidelbergensis* à la fois en Europe et en Afrique.

Ainsi *H. heidelbergensis* serait une espèce ayant évolué en Afrique à partir de *l'H. erectus* africain (c'est-à-dire à partir d'*Homo ergaster*) il y a plus d'un million d'années. Après avoir colonisé l'Afrique, elle se serait répandue en Europe et peut-être en Asie lors d'un interglaciaire il y a quelque 600 000 ans. D'où une constatation d'une importance majeure : un même ancêtre – *H. heidelbergensis* – a donné à la fois l'*H. sapiens* africain ancien et l'*H. neanderthalensis* européen. *H. heidelbergensis* est le « père » de Sapiens et de Néandertal, de sorte que, logiquement, les néandertaliens sont nos « frères »... au sens paléontologique du terme. Les néandertaliens nous sont donc très fortement apparentés (nous verrons qu'ils comptent aussi parmi nos ancêtres). Voilà pourquoi, loin d'être une forme plus primitive que Sapiens dont nous descendrions, *H. neanderthalensis* nous est proche. Il a évolué en même temps que les premiers *H. sapiens* africains nos ancêtres et quasiment aussi longtemps qu'eux [13] !

Osons introduire un néologisme. L'importance que confère à *H. heidelbergensis* son statut d'ancêtre à la fois des Sapiens et des néandertaliens le vaut bien. Puisque le terme de néandertalien s'est développé au cours des cent soixante dernières années à partir du toponyme Néanderthal, il serait logique d'introduire le terme d'« heidelbergien » pour désigner les membres de l'espèce *H. heidelbergensis* de façon parallèle. Certes, ce terme n'est pas utilisé par les paléoanthropologues, mais il nous semble qu'il devrait l'être tant il paraît naturel à côté du terme « néandertalien ».

Le registre fossile heidelbergien

À quoi ressemblaient les heidelbergiens européens ? Il s'agit clairement d'êtres humains possédant encore une allure « africaine », c'est-à-dire possédant un corps élancé, adapté à un climat chaud, puisque les membres longs dissipent mieux la chaleur que les membres courts. Le tibia heidelbergien découvert en 1994 à Boxgrove que nous mentionnions plus haut suggère que son propriétaire pesait environ 80 kg et mesurait environ 1,80 mètre [14]. Il ne semble donc pas avoir été taillé pour résister au froid, comme le seront plus tard les néandertaliens, mais plutôt à la chaleur.

Caractérisée par de fortes épaisseurs osseuses et des insertions musculaires bien développées, la puissance de la mandibule de Mauer suggère une activité masticatrice importante et cela en dépit de ses dents modestes (de tailles comparables à celles de deux dents retrouvées à Boxgrove). La mandibule de Mauer s'accorde aussi très bien aux crânes épais et massifs provenant du site de la Sima de los Huesos à Atapuerca en Espagne ou de la Caune de l'Arago à Tautavel en France. La forte épaisseur osseuse de tous ces fossiles se retrouve par ailleurs sur des fragments crâniens mis au jour plus à l'est, notamment à Ceprano, Visogliano et Fontana Ranuccio en Italie, à Bilzingsleben en Allemagne, à Vertesszöllös en Hongrie, ou encore à Petralona en Grèce. Bien que modestes, ces fragments fossiles sont attribués à *H. Heidelbergensis* à cause de leurs âges, même si le caractère heildelbergien de leurs traits n'a rien d'évident.

Point inattendu, les fossiles d'Atapuerca nous ont aussi livré des informations sur la génétique des heidelbergiens. Chose stupéfiante pour qui connaît les difficultés extrêmes de la paléogénétique, l'ADN mitochondrial (l'un des deux ADN présent dans la cellule) d'heidelbergiens de Sima de los Huesos a pu être retrouvé, reconstitué et séquencé ! Or, résultat stupéfiant, le séquençage de cet ADN, qui n'est transmis que par la mère, a révélé l'existence d'un lien de parenté avec… les dénisoviens (*cf.* encadré p. 167) [15], une espèce humaine fossile bien postérieure aux heidelbergiens puisqu'elle fut la contemporaine des néandertaliens et des sapiens anciens. Un résultat d'autant plus curieux que l'existence passée de l'hominidé de Denisova ne nous a été révélée qu'en 2010 par le séquençage de l'ADN contenu dans une unique minuscule phalange vieille de 40 000 ans découverte dans la grotte de Denisova dans le massif de l'Altaï en Sibérie du Sud... Or le séquençage de l'ADN nucléaire (l'ADN contenu dans le noyau de la cellule) des heidelbergiens d'Atapuerca a par ailleurs révélé qu'ils étaient apparentés aux néandertaliens [16]. Ces deux constatations montrent qu'il y a plus de 400 000 ans, à l'époque des heidelbergiens de Sima de los Huesos, la divergence entre leur espèce et celle des néandertaliens avait déjà eu lieu.

L'émergence de Néandertal

Le registre fossile heidelbergien indique une répartition géographique assez large allant de l'Atlantique (à partir de l'Angleterre, alors rattachée au continent) jusqu'au-delà du Rhin à l'est. Les squelettes mis au jour dégagent une impression archaïque de par leurs fortes épaisseurs osseuses et leur petite capacité crânienne (comprise entre 1000 et 1300 centimètres cubes à Sima del los Huesos ; environ 1 100 centimètres cubes sur le fossile de la Caune de l'Arago à Tautavel). Leur âge diminuant (de 600 000 à 400 000), les fossiles arborent des traits néandertaliens au départ sporadiques, mais de plus en plus fréquents ensuite, en particulier sur la face et/ou la nuque. La « néandertalisation » est en marche !

Quelle est l'origine de cette transformation ? Est-elle seulement le produit des pressions sélectives exercées par l'environnement européen ? Pas forcément, car du fait de son isolement en Europe, le groupe des heidelbergiens s'est trouvé en situation de dérive génétique, c'est-à-dire d'érosion de sa diversité génétique. De ce fait, certains caractères sont devenus de plus en plus fréquents. Cette érosion est due au fait que le brassage génétique au sein d'une faible population tend à diminuer inexorablement le nombre des gènes présents au sein de ses individus. Une personne ne transmet en effet que la moitié de ses allèles, c'est-à-dire des séquences particulières de nucléotides formant ses gènes. Dans une population à faibles effectifs, cette loterie reproductive ne peut que conduire à la baisse des fréquences de certains allèles, ce qui entraîne mécaniquement l'augmentation des fréquences de certains autres.

De nos jours, le phénomène s'observe dans les îles dont les habitants sont restés longtemps isolés, ce qui est par exemple le cas de l'Islande. Ainsi, en 2009, une équipe menée par Agnar Helgason de l'université de Reykjavík a montré que les gènes de la population islandaise d'avant l'an 1 000 – réputée entièrement scandinave – étaient plus divers que ceux de la population actuelle [17]. Pour s'en rendre compte, les chercheurs ont séquencé un ruban de 743 nucléotides issu d'une région choisie de l'ADN mitochondrial (hérité de la mère) de 73 Islandais enterrés vers 873, puis comparé cette signature génétique à celles des populations actuelles de Scandinavie, d'Écosse, d'Irlande et d'Europe continentale. Il est ainsi apparu que l'ADN mitochondrial des premiers Islandais était nettement plus proche de celui des Écossais, des Irlandais et des Européens de l'Ouest qu'il ne l'est de celui des Islandais d'aujourd'hui (il s'est avéré qu'en fait plus de 67 % des premières Islandaises étaient issues des îles Britanniques ou d'Europe continentale). Le phénomène est difficilement imputable à l'accumulation de mutations, puisque guère plus de 40 générations se sont succédé depuis 873. En fait, il doit être attribué à une érosion génétique, qui a augmenté les fréquences de certains allèles. Les gènes islandais racontent que les habitants de la grande île de glace et de feu sont restés à l'écart du continent européen.

La population fondatrice des heidelbergiens d'Europe s'est trouvée dans une situation comparable, puisque ses quelques milliers de membres étaient répartis dans toute la partie habitable du continent. En outre, les grands changements climatiques du Pléistocène moyen (781 000 à 126 000 ans) ont sans doute empêché que d'importants flux géniques continus ne subsistent entre l'Europe et l'Afrique ainsi qu'entre l'Europe et l'Asie. Comme les Islandais pendant 1 000 ans, les heidelbergiens ont dérivé génétiquement des centaines de milliers d'années durant. S'ajoutant à la sélection naturelle due à l'environnement européen, cette érosion génétique a diminué de façon aléatoire les fréquences de certains traits tout en augmentant celles de certains autres.

Ainsi, si certains des caractères néandertaliens, par exemple la longueur réduite de leurs membres, résultent d'une adaptation au froid, d'autres, très nombreux – telles la forme du crâne allongée ou la structure prognathe de la face – semblent sans intérêt adaptatif, de sorte qu'ils peuvent être plutôt interprétés comme des produits de la dérive génétique.

Cette vision a conduit au cours des années 1970-1990 à imposer l'idée que la biologie néandertalienne s'est constituée par une accumulation très graduelle de plus en plus de traits spécifiquement néandertaliens : ce que les paléoanthropologues nomment le modèle d'accrétion. Quand l'accrétion des traits néandertaliens a-t-elle commencé ? Et par quoi ?

Une fosse canine de vrai néandertalien

C'est il y a entre 450 000 et 350 000 ans qu'apparaissent les premiers vrais caractères néandertaliens. Comme il ne s'agit que de quelques caractères, les paléoanthropologues considèrent que les fossiles qui les portent sont des prénéandertaliens (c'est-à-dire des formes intermédiaires entre les heidelbergiens et les néandertaliens). Pour autant, les traits en question vont devenir la « marque de fabrique » des néandertaliens. Certains se voient assez bien sur certains fossiles que l'on attribue pourtant souvent aux heidelbergiens, car ils leur sont assez proches dans leur conformation et dans leurs dimensions. Ils se retrouvent notamment sur la trentaine d'heidelbergiens mis au jour parmi les fossiles vieux de 400 000 ans de Sima de los Huesos ou encore dans ceux de la grotte de la Caune de l'Arago, dans la commune de Tautavel dans les Pyrénées orientales, vieux de 450 000 ans [18].

Sur certains de ces fossiles, la mâchoire supérieure arbore une spécificité qui deviendra typiquement néandertalienne : une fosse canine particulièrement peu profonde. Plus ou moins marqué chez les humains modernes, cet enfoncement situé de chaque côté du nez, à la verticale des canines, n'existe pratiquement pas chez les néandertaliens. Ce trait contribuera à la face en museau spécifique à l'espèce que nous décrirons dans le prochain chapitre.

Sur les mandibules, par exemple, sur celle de l'homme de Tautavel, s'observe aussi un allongement qui va de pair avec celui de la face. Cet allongement déplace vers l'arrière les trous mentonniers (de petites cavités se trouvant de chaque côté de la mâchoire). Tandis que chez sapiens ces trous sont situés sous la deuxième prémolaire, ils se trouvent sous les molaires chez les néandertaliens et sur l'*Homo heidelbergensis* de Tautavel.

Autant de caractères qui se retrouveront quelque 300 000 ans plus tard sur les néandertaliens les plus tardifs. Pour cette raison, la plupart des chercheurs considèrent que les fossiles heidelbergiens de la Sima ou de la Caune de l'Arago prouvent qu'une lignée qui va mener aux néandertaliens est déjà présente en Europe vers 450 000 ans [19].

Pour les périodes géologiques suivantes, celles qui couvrent l'intervalle allant de 400 000 à 190 000 ans, on ne dispose hélas d'aucun gisement comportant de grandes séries fossiles, tels ceux de Tautavel ou de Sima de los Huesos, mais seulement de découvertes sporadiques. Elles témoignent néanmoins d'une évolution graduelle. Les tout premiers caractères véritablement néandertaliens apparaissent sur la face, puis sur la partie arrière du crâne dans la région de la nuque.

Comme le montrent les ossements de la lignée néandertalienne mis au jour par exemple en France, les fossiles datant d'après il y a 190 000 ans présentent de plus en plus de traits néandertaliens. Ainsi, à Biache-Saint-Vaast (Pas-de-Calais) ou à La Chaise – abri Suard (en Charente) la région de la nuque et de l'os temporal acquièrent leur morphologie spécifique aux néandertaliens, tandis que la région frontale se mue en un bourrelet formant comme une visière au-dessus des yeux.

Les fossiles de cette époque dont la face a été retrouvée présentent par ailleurs plus de caractères néandertaliens que ceux des époques précédentes, ce qui se voit dans le positionnement plus latéral de l'os zygomatique (l'os des pommettes) et dans l'absence de fosse canine. La présence de tous ces caractères dérivés néandertaliens n'empêche pas la persistance d'un ensemble de traits archaïques, tout particulièrement une capacité crânienne encore faible, puisqu'elle reste aux alentours de 1 200 centimètres cubes, tandis qu'elle atteindra 1 600 centimètres cubes chez certains néandertaliens.

C'est à partir d'il y a 120 000 ans que l'on considère que les néandertaliens sont pleinement évolués. Désormais, le crâne est tout en longueur ; sa saillie arrière, nommée « le chignon néandertalien », est bien développée ; l'oreille interne est aussi typiquement néandertalienne… Bref, tous les traits néandertaliens sont présents, au point qu'en l'absence de données stratigraphiques, il serait difficile de distinguer ces fossiles vieux de plus de 100 000 ans des derniers néandertaliens, vivant il y a 40 000 ans.

Figure 2-3 : l'allure corporelle d'une néandertalienne (à gauche) comparée à celle d'une femme sapiens (à droite). On note le corps compact et de petite taille de la néandertalienne et l'allure élancée de la femme sapiens.

Néandertal voyage

L'histoire que nous venons de retracer, celle de l'émergence de Néandertal, est entièrement européenne. Le prouver fut – nous l'avons déjà dit – une très grande découverte anthropologique et le résultat de plus d'un siècle de travail. Cette certitude d'un berceau européen repose sur trois constatations : d'une part, on n'identifie de prénéandertaliens, c'est-à-dire d'ancêtres des néandertaliens, qu'en Europe ; ensuite, le processus évolutif qui a produit les néandertaliens ne peut être suivi que sur notre continent ; finalement, on ne trouve des néandertaliens en nombre qu'en Europe, même s'il en a existé, quoique plus rares et plus tardifs, en Asie. L'absence de pré-néandertaliens anciens en dehors du sol européen, pousse à penser que les néandertaliens ont colonisé l'Asie centrale et le Proche-Orient à partir de l'Europe, une fois l'ensemble des caractères néandertaliens acquis. Le centre de la « néandertalisation » se situe en Europe occidentale, tandis que les traits néandertaliens semblent de moins en moins accentués lorsque l'on va d'ouest en est [20].

Pour autant, les fossiles néandertaliens proche-orientaux, tels ceux de Shanidar en Irak, de Dederiyeh en Syrie, d'Amud, Tabun et Kebara en Israël, montrent que les néandertaliens orientaux possédaient les mêmes proportions corporelles que leurs congénères des régions froides. Les datations suggèrent que l'expansion s'est produite entre 123 000 et 109 000 ans [21], période tempérée. Cette datation s'accorde avec la constatation du fait que les néandertaliens proche-orientaux possèdent quelques traits archaïques, des traits qui en Europe disparaissent après 120 000 ans [22] (*cf.* figure 2-2). L'expansion des néandertaliens vers l'est de l'Europe a aussi été constatée à Stajna en Pologne [23] par la présence de fossiles vieux de 90 000 ans.

Quant à l'expansion néandertalienne vers l'Asie centrale, elle peut être située elle aussi dans cet interglaciaire, c'est-à-dire pendant une période plus chaude que la période actuelle. Des sites attestent de cette expansion dans les grandes plaines russes, notamment à Khotylevo sur la Desna ou encore à Sukhaya Mechetka sur la Volga. Pendant cette époque chaude, la mer Caspienne s'est asséchée, ce qui a ouvert un passage vers l'est au sud de l'Oural, comme le démontrent ces restes d'un jeune néandertalien retrouvés en Ouzbékistan sur le site de Teshik-Tash. D'autres restes néandertaliens, plus modestes, sont connus encore plus loin au sud de la Sibérie à Okladnikov et à Denisova [24]. Cette expansion nous semble pouvoir être considérée comme l'aboutissement de la néandertalisation, c'est-à-dire d'un long processus évolutif qui a rendu nos frères néandertaliens capables de vivre et de se retrouver au sein d'immenses espaces steppiques de dimension supra-continentale, puisqu'ils se sont même étendus hors de l'Europe.

Figure 3-1 : la jeune néandertalienne « Fiancée rousse » possède le front en visière, le grand nez, les pommettes saillantes et le menton en retrait typique des néandertaliens. Tous les hommes de son clan la trouvaient belle. Auraient-ils aussi trouvé à leur goût une femme sapiens ?

3

Un athlète râblé aux poings puissants

« Alors vivait […] une race d'hommes beaucoup plus dure, […] dont les os plus grands et plus solides formaient la charpente […]. » Lucrèce [1].

Aujourd'hui, Fiancé du Nord et Fiancée rousse sont rentrés au clan. Ce sont les enfants qui les ont vus arriver au loin cheminant de l'autre côté du fleuve. Tandis que Fiancé du Nord marchait attentif, deux épieux à la main et sa besace de chasse à l'épaule, Fiancée rousse, seulement ceinte d'une peau retenue sur ses hanches par une corde de boyau, était ployée sous un énorme ballot, qui a intrigué les enfants d'emblée. Arrivés près du grand arbre tombé en travers du fleuve, Fiancée rousse a jeté sa charge par terre : une peau d'ours ! Puis elle a longuement repris sa respiration. Ses jambes blanches et courtaudes étaient zébrées par la boue des sentes ; avec ses larges hanches et son postérieur robuste supportant un tronc large et bref emmanchés de bras courts terminés par des mains aux longs doigts ronds et puissants, elle donne une impression de solidité. La flamme rousse de ses cheveux entoure un visage blanc, dont les gros yeux verts surmontent un énorme nez retroussé au-dessus de grosses lèvres et d'un tout petit menton. Un visage qui attire les regards des hommes du clan. Fiancée rousse est une très belle jeune femme.

Nous pouvons aujourd'hui bien nous représenter l'apparence physique des néandertaliens. Au cours des vingt dernières années, *Homo neanderthalensis* s'est en effet quasiment relevé de sa tombe, pour nous révéler sans gêne (mais avec tous ses gènes) son corps et son mode de vie[2]. C'est de son corps dont nous allons vous parler ici en vous narrant comment son portrait physique s'est progressivement élaboré à mesure que l'on élaguait les préjugés idéologiques, multipliait les découvertes et accédait à de nouvelles données importantes, dont les dernières sont celles de la paléogénétique. Cette nouvelle science nous a appris que les quasi-singes que l'on a dépeints dans les premières descriptions des néandertaliens étaient en fait des hommes blonds ou roux aux peaux et yeux clairs, qui auraient pu passer pour des Européens du Nord.

Aujourd'hui, nous avons réalisé que si un néandertalien habillé prenait le métro avec nous, nous ne ressentirions que peu d'étrangeté. En effet, les variations morphologiques qui existent au sein de l'espèce humaine actuelle, dans les sept milliards de Terriens, semblent assez grandes pour que toutes les caractéristiques du corps néandertalien soient présentes sur le corps de l'un de nos contemporains. En ce sens, nous avons tous déjà vu un néandertalien… par morceau !

Toute une série de portraits physiques de Néandertal se sont succédé. Le premier d'entre eux était grossièrement faux, puisque les carriers allemands, qui, le 4 août 1856, découvrirent le premier fossile néandertalien dans la carrière de Feldhofer située dans la vallée de Néanderthal ont spontanément pensé avoir mis la main sur un ours des cavernes. Certes, ils n'étaient pas anatomistes et le crâne était incomplet, mais on comprend leur méprise : cet ours disparu il y a quelque 29 000 ans se distingue en effet de l'ours brun par une anatomie crânienne aplatie et un énorme bourrelet surmontant des yeux. Avec son front fuyant (incliné vers l'arrière) et son torus sus-orbitaire (la « visière » surmontant les orbites), Néandertal n'est pas loin de ressembler à un ours des cavernes, pourvu que l'on fasse un effort d'imagination. Ce ne sera pas la seule erreur commise au sujet de notre frère Néandertal. Réagissant en 1872 aux premières annonces de la découverte [3], Rudolf Wirchow, le plus grand professeur allemand d'anatomie pathologique du XIXe siècle, fut si étonné par le bourrelet sus-orbitaire marquant le crâne, qu'il pensa avoir affaire au squelette d'un homme malade [4]...

Pour parvenir au portrait physique de Néandertal tel que nous nous le représentons aujourd'hui, il a fallu d'une part disposer d'un corpus important de fossiles, mais aussi affiner les méthodes et les outils d'investigation de la paléoanthropologie. Comme nous allons voir, elles ont rendu possible la restitution d'une partie importante de l'aspect physique et aussi de la biologie de Néandertal.

Un prétendu homme singe

Le tout premier portrait de Néandertal brossé d'un point de vue évolutionniste date de 1887. Il s'appuie sur les observations anatomiques réalisées par le zoologue Julien Fraipont et le géologue Maximin Lohest, découvreurs en 1886 d'os fossiles néandertaliens dans la grotte de Spy en Belgique [5].

Pour ces chercheurs du XIXe siècle, les fossiles de Spy sont plus proches des sapiens, car « entre l'homme de Spy (le Néandertal découvert) et les singes anthropomorphes actuels il y a encore un abîme ». Pour autant, les deux paléontologues considéraient que « l'ensemble d'un aussi grand nombre de caractères simiens est introuvable en dehors de ces hommes qui appartiennent à la plus ancienne race humaine connue ». Bref, Néandertal est humain, mais un humain simiesque.

Le premier squelette néandertalien quasi complet sera découvert en France en 1908 [6], à La Chapelle-aux-Saints en Corrèze. Marcellin Boule, professeur de paléontologie au Muséum national d'histoire naturelle, l'étudiera et décrira systématiquement son anatomie osseuse. Comme l'aurait fait n'importe quel anthropologue de son époque, Boule commença par dresser une description anatomique précise du squelette, puis établit les différences morphologiques le séparant des squelettes d'autres fossiles. Son but ? Situer toutes ces formes les unes par rapport aux autres au sein d'une histoire évolutive. Cette méthode – l'anatomie comparée – est toujours fondamentale en paléoanthropologie, même si l'examen visuel direct ou à la loupe et la prise de mesures à la règle et au pied à coulisse ont laissé la place à des moyens autrement plus puissants.

Quelles furent les conclusions de Boule ? « Cette tête frappe d'abord par ses dimensions très considérables, eu égard surtout à la petite taille de son ancien possesseur. Elle frappe ensuite par son aspect bestial ou, pour mieux dire, par un ensemble de caractères simiens ou pithécoïdes. [...] Le crâne de La Chapelle-aux-Saints présente, en les exagérant parfois, les caractères des calottes crâniennes de Néandertal et de Spy, de sorte que ces diverses pièces osseuses, trouvées sur des points de l'Europe occidentale fort éloignés les uns des autres, mais à des niveaux géologiques identiques ou très voisins, appartiennent certainement à un même type morphologique. »

La pertinence de Boule est frappante. En reliant les différents fossiles connus entre eux, il dessine en creux le portrait d'une espèce répartie dans toute l'Europe. Or il ne disposait pour forger ses convictions que de quelques fossiles répartis sur un territoire allant de la Belgique à la Croatie. Malgré cela, il ne s'est pas trompé ! Les nombreux fossiles néandertaliens découverts depuis attestent qu'il a bien existé une population néandertalienne ayant occupé toute l'Europe à la fin du Pléistocène moyen (de 781 000 à 126 000 ans) et au début du Pléistocène supérieur (de 126 00 à 11 700 ans). Boule disposait de si peu d'indices que sa clairvoyance scientifique force le respect.

Là où, en revanche, il nous gêne aujourd'hui, c'est lorsqu'il se livre à une pratique courante à son époque : le classement de l'humanité en « races ». Manifestement, il ne suffisait pas d'avoir découvert une forme humaine ancienne. Non, l'activité du scientifique impliquait aussi de la juger et de la classer en fonction de sa valeur biologique : « Ce type humain, fossile, diffère des types actuels et se place au-dessous d'eux, car, dans aucune race actuelle, on ne trouve réunis les caractères d'infériorité, je veux dire les caractères pithécoïdes, qu'on observe sur la tête osseuse de La Chapelle-aux-Saints. (...) Morphologiquement, et autant qu'on puisse en juger par la seule comparaison des calottes crâniennes, il se place exactement entre le pithécanthrope de Java et les races actuelles les plus inférieures, ce qui, je me hâte de le dire, n'implique pas nécessairement dans mon esprit l'existence de liens génétiques directs. Il faut remarquer que ce groupe humain du Pléistocène moyen, si primitif au point de vue des caractères physiques, devait aussi, à en juger par les données de l'archéologie préhistorique, être très primitif au point de vue intellectuel [7]. »

Outre un lot de préjugés sur ce que doit être une espèce fossile non humaine, cette description d'*Homo neanderthalensis* trahit aussi de façon criante la vision linéaire que l'on se faisait à l'époque de l'évolution : les espèces se succédaient en évoluant progressivement [8] vers plus de perfection et d'accomplissement, la dernière étant toujours « supérieure » aux autres... Ainsi, presque naturellement, Boule plaça l'homme de Néandertal dans une succession de formes allant du « singe à l'homme », Néandertal jouant le rôle d'une forme intermédiaire aux capacités cognitives inférieures aux humains modernes. À sa décharge, Boule travaillait avec les idées de son temps : sur sa table se côtoyaient un crâne de chimpanzé, le fossile de La Chapelle-aux-Saints et le crâne de l'un de ses contemporains décédé récemment…

Une vision dépassée

Cette conception linéaire de l'histoire évolutive est aujourd'hui plus que dépassée. Le séquençage de l'ADN néandertalien est venu confirmer ce que l'étude approfondie des fossiles dans les années 1980 avait déjà prouvé : que l'espèce *Homo neanderthalensis* s'est développée parallèlement à *Homo sapiens* en Afrique. Bref, Néandertal est notre frère descendant d'une même « espèce mère », pas notre ancêtre !

Les travaux des années 1980 ont renversé un autre dogme : celui de l'origine géographique de Néandertal. Même si le nom *Homo neanderthalensis* associait Néandertal à notre continent, dans les années 1970 encore, l'idée que l'espèce était seulement européenne n'avait rien d'évident. C'est un élève de Boule, le grand paléontologue français Jean Piveteau qui eut l'intuition que Néandertal avait évolué sur un territoire limité. Piveteau travaillait sur des fossiles prénéandertaliens charentais (ceux de la grotte de La Chaise). Il poussa deux de ses élèves – Marie-Antoinette de Lumley [9] et Bernard Vandermeersch – à diriger leur activité vers la recherche de l'origine géographique de la lignée néandertalienne. Ce faisant, il allait non seulement engager ces deux chercheurs sur la voie de la résolution de l'énigme portant sur le berceau de Néandertal, mais aussi changer la vie de Silvana.

Un été les mains dans la terre

Quelques années plus tard en effet, Bernard Vandermeersch était devenu un professeur reconnu. Il donnait un cours à l'université Denis-Diderot, auquel Silvana décida d'assister. Cela fit d'elle la paléoanthropologue qu'elle est devenue. Assise sur un banc, elle écoutait Vandermeersch évoquer avec enthousiasme les fouilles qu'il menait dans deux sites, l'un au Proche-Orient et l'autre charentais. Le site levantin, celui du Jebel Qafzeh, à côté de Nazareth, est celui qui a livré les plus anciens *H. sapiens* hors d'Afrique [10]. Le second, celui de Marillac-le-Franc en Charente, a fourni des fossiles néandertaliens [11]. L'exposé suffit à convaincre l'étudiante en biologie qu'était Silvana que les fossiles d'espèces humaines ancestrales recelaient un mystère, peut-être le plus grand des mystères, celui de l'origine de l'humanité. Elle tomba alors sous le charme de la paléontologie et de ses secrets. L'été suivant, elle faisait partie de l'équipe fouillant le site de Marillac-le-Franc.

Le chantier fourmillait d'idées. Le soir, sous les arcades romanes du couvent où logeait l'équipe, Silvana écoutait ses aînés scientifiques. Là, les célébrités de passage et les spécialistes rassemblés par B. Vandermeersch commentaient devant les étudiants les découvertes du jour. À voix haute, ces savants formulaient des hypothèses sur le site, discutaient des problèmes rencontrés, de l'extension et/ou de la poursuite des fouilles…

Cette expérience lumineuse compensait quelque peu la désillusion qu'elle vivait sur le chantier… Elle était venue réaliser des découvertes et résoudre de grandes énigmes. Au lieu de cela, elle se retrouvait à fouiller un pauvre carré de terre en limite de la zone d'habitat, dont le matériel archéologique était quasi absent. Elle faisait ses classes de paléontologue débutante et c'était bien normal, mais l'écart entre ses attentes et la réalité du terrain était dur à vivre !

Ce fut pourtant cet été-là que Silvana vit pour la première fois une chose rarissime : des os et des dents néandertaliens tout juste sortis du sol. Ils n'avaient pas été mis au jour par elle, mais par des fouilleurs expérimentés, à qui l'on avait confié les carrés de fouille les plus prometteurs. Malgré leurs modesties, ces quelques fragments de néandertalien exercèrent sur elle un attrait irrésistible.

À Marillac-le-Franc, Silvana a beaucoup appris. La participation aux fouilles était d'autant plus profitable aux étudiants, que ce grand passeur qu'était B. Vandermeesch répondait à toute question de façon toujours patiente et précise. Baignant dans une ambiance conviviale et studieuse, Silvana découvrit comment, à partir d'infimes caractéristiques osseuses passant inaperçues aux yeux de tout non initié, on parvient à d'inattendues révélations sur l'histoire personnelle d'un individu et sur celle de la population à laquelle il appartenait.

Elle apprit aussi une nouvelle méthode pour faire parler les ossements. À cette époque, la lecture de vestiges humains, d'os ou de dents, par exemple, se faisait directement à la loupe binoculaire ou par radiographie. Autrement dit, les paléoanthropologues des années 1980 travaillaient encore comme ceux du XIXe siècle. Mais ce n'était qu'en apparence. Alors qu'au début du XXe siècle, Boule tirait des conclusions fortes et définitives sur les néandertaliens de la simple comparaison entre son néandertalien et un unique individu moderne (le crâne d'homme moderne dont il disposait dans son bureau au Muséum), les chercheurs des années 1980 (et d'aujourd'hui !) étudiaient désormais les fossiles en tenant compte de la variabilité interne propre à chaque population. L'étude des fossiles en général et des fossiles de néandertaliens en particulier ne se suffisait pas à elle-même. Elle n'avait de sens qu'en relation avec l'étude de toutes les formes humaines connues, et en particulier avec celle de notre propre espèce.

Par ailleurs, dans les années 1980, une révolution méthodologique était en cours. Les paléoanthropologues venaient d'emprunter à leurs collègues zoologues une technique permettant de regrouper les fossiles en fonction des caractères particuliers les singularisant, plutôt qu'en fonction de leurs ressemblances. Cette façon de procéder permet en réalité de caractériser très finement les groupes d'animaux. On la doit à l'entomologiste allemand Emil Hans Willi Hennig, qui l'inventa dans les années 1950 [12].

Hennig avait remarqué que lorsqu'il cherchait à inventorier les insectes à métamorphose complète, il aboutissait à une classification différente selon qu'il se fondait sur les caractères des larves, ceux des nymphes ou ceux des adultes. Il eut l'idée de privilégier l'histoire de la métamorphose au détriment des seules ressemblances d'aspect. Ce faisant, il put reconstruire des groupes (qu'il nomma clades à partir d'un mot grec signifiant branches) partageant un ensemble de caractères communs dérivés d'un ancêtre commun.

En paléontologie, cette approche – la cladistique – s'est révélée extrêmement fertile, même si elle reste impuissante quand on dispose de trop peu de données. Les recherches sur les néandertaliens ont fourni des milliers de morceaux d'os, mais moins de vingt squelettes quasi complets. Grâce à l'énorme travail d'anatomie comparée mené par les grands chercheurs des années 1980, tels M.-A. de Lumley et B. Vandermeesch, puis par leurs élèves, les caractères spécifiques des néandertaliens sont aujourd'hui bien connus.

Qu'est-ce qui fait un néandertalien ?

Une tête en ballon de rugby. Voilà comment on pourrait schématiser à la va-vite le crâne d'un néandertalien. Un crâne bâti en longueur et non en hauteur comme celui de Sapiens.

L'analyse cladistique en paléontologie

De quel *klados* es-tu vieille branche ? Le mot grec *klados* signifiant « branche » est à l'origine du terme de cladistique, une méthode visant à établir les branches de l'arbre de parenté, de l'arbre phylogénétique. L'analyse cladistique permet donc de procéder à la classification phylogénétique, c'est-à-dire à une classification fondée sur les divisions, les phylums successifs (le grec ancien *phylon* signifie « tribu », « race ») constituant les différentes branches (clades) de l'arbre phylogénétique. Grâce à elles, on classe, dans une logique évolutionniste, les êtres vivants selon leurs relations de parenté.

Un paléoanthropologue l'employant commence par définir les caractères spécifiques à un groupe de fossiles. Il traque ensuite ces caractères dans les formes fossiles plus anciennes afin de saisir leur enracinement chronologique. L'analyse des fossiles néandertaliens a ainsi permis de mettre en évidence que notre frère Néandertal partage un ensemble de caractères avec nous. Dans leur jargon, les paléontologues nomment les caractères déjà présents sur un ancêtre commun des caractères « primitifs partagés ». C'est le cas pour les traits liés à la robustesse générale du squelette et du crâne. Ainsi, la forte épaisseur osseuse des parois crâniennes se rencontre aussi bien chez tous les fossiles archaïques africains (*H. ergaster*, *H. heidelbergensis*) et asiatiques (*H. erectus*) que chez Néandertal et les plus anciens *H. sapiens*. Ceux communs à deux espèces, mais absents sur l'ancêtre commun sont des « caractères dérivés partagés », ce qui est le cas, par exemple, de la grande capacité crânienne présente aussi bien chez de Néandertal que chez Sapiens.

Par définition, ni les caractères primitifs partagés ni les caractères dérivés partagés ne permettent d'identifier un embranchement dans l'arbre phylogénétique. C'est pourquoi ils sont inutiles aux paléontologues pour regrouper les fossiles. Seuls les « caractères dérivés uniques » à un groupe permettent de repérer un virage pris par l'évolution.

Si vous découvrez dans une grotte un crâne humain avec un menton osseux, vous pouvez ainsi être certain d'avoir mis la main sur un fossile *Homo sapiens*. En effet, aucun néandertalien, heidelbergien, ni aucun fossile asiatique ou africain ancien ne possède de menton osseux. Il s'agit bien d'un « caractère dérivé unique » de Sapiens.

Les néandertaliens portent en effet leur plus frappante caractéristique spécifique sur le visage et sur le crâne : vue de profil, la tête néandertalienne est étrange, allongée vers l'arrière et l'avant. Cet allongement se traduit au niveau du nez par un étirement de la face vers l'avant. Dans leur jargon, les anthropologues nomment cette particularité un « prognathisme mi-facial », pour le distinguer du prognathisme simple (littéralement « avant-mâchoire ») que l'on rencontre chez certains sapiens possédant une saillie au niveau des mâchoires et dents supérieures et inférieures.

Autre trait du visage qui attirerait votre attention si vous croisiez un néandertalien : ses arcades sourcilières. Elles sont jointives et forment un bourrelet osseux extrêmement puissant ressemblant à une visière (la comparaison a été inventée par Marcellin Boule et elle est restée dans le langage des paléontologues).

Comparativement, Néandertal possède un visage plus étroit que nous, vu le volume de son crâne. Cette finesse est accentuée par des pommettes fuyantes, c'est-à-dire que les os zygomatiques, ces arcades osseuses à l'origine des pommettes justement, sont en position latérale, tandis qu'elles sont plutôt en position frontale chez Sapiens, ce qui explique notre visage relativement large. La nécessité de loger des dents volumineuses à longues racines a aussi induit chez Néandertal un grand espace entre la bouche et le nez.

Si un néandertalien se tenait devant vous, nul doute que vous ressentiriez qu'une grande force se dégage de son visage étroit s'avançant en museau. L'énormité des yeux logés sous un auvent osseux nous troublerait (Boule, lui, y avait lu des signes manifestes d'infériorité). Toutes les reconstitutions physiologiquement correctes produites pour les musées ou les films montrent des individus dotés de fortes proéminences nasales. C'est parce que l'ample et volumineuse ouverture nasale suggère un nez large.

Néandertal a-t-il trop mâché de chewing-gum ?

D'où vient ce visage bizarre ? Ces structures osseuses étonnantes, le bourrelet sus-orbitaire par exemple, ont-elles été sélectionnées par les conditions de vie des néandertaliens ou par leur mode de vie ? La question est intensément débattue depuis plus d'un siècle. Très tôt, une idée a fait son chemin parmi les paléontologues : et si la morphologie en museau de la face était due à un phénomène mécanique ? Et si Néandertal avait tellement passé de temps à mastiquer, pour des raisons alimentaires mais pas seulement, qu'au fil des générations sa structure osseuse s'était modifiée ?

On connaît chez l'homme moderne des exemples de telles pressions sélectives bio culturelles. De même qu'il existe des pressions sélectives liées à l'environnement (un changement de végétation obligera une espèce à changer de régime alimentaire, par exemple), la culture peut elle aussi exercer une forme de pression sur l'évolution d'une espèce. Ainsi, il est bien connu que 90 % des membres de la « civilisation de la vache » que sont les habitants originaires de l'Europe tempérée et nordique, digèrent le lactose, le principal sucre du lait de vache, alors que seulement 50 % des Européens méditerranéens (ils font partie de la « civilisation de la chèvre ») le digèrent et que cette proportion tombe à 10 % chez les Chinois. Ces chiffres s'expliquent par le fait que depuis l'arrivée des premiers paysans accompagnés de vaches en Europe, il y a 8 000 ans (au Néolithique) la consommation constante de produits laitiers – une pression sélective culturelle – a sélectionné chez les habitants de l'Europe tempérée des gènes assurant la persistance toute la vie de la lactase, l'enzyme rendant possible la digestion du lactose.

Nombre de chercheurs pensent que Néandertal aurait été produit par ce genre de mécanisme : il se serait donné une

Figure 3-2 : le corps néandertalien était robuste et râblé pour une taille de typiquement 1,65 mètre.

grosse tête en mâchant [13] ! L'idée vient d'une comparaison effectuée entre l'usure dentaire observée chez les néandertaliens à celles de certains peuples actuels de chasseurs-cueilleurs, dont les Inuits. Les explorateurs au contact de cette population arctique ont rapporté d'étonnants récits du travail de préparation des peaux. Les femmes avaient la charge de ce travail ingrat. Après avoir enlevé le gras et fait sécher la peau, elles mâchaient longuement le cuir au point qu'elles en perdaient leurs dents.

Or, certains fossiles néandertaliens [14] portent justement le même genre d'usure dentaire. D'où l'hypothèse que les néandertaliens aient pu utiliser intensément leur bouche à d'autres fins qu'alimentaire. Leurs dents de devant auraient en quelque sorte constitué une « troisième main », et cette « main dentée » aurait été « tirée » vers l'avant au cours des temps par l'usage intense qu'en faisaient les néandertaliens. Cette séduisante hypothèse revient périodiquement en force dans la recherche, mais n'a jamais été vraiment démontrée.

Quoi qu'il en soit, même si les caractères néandertaliens ont peut-être été sélectionnés à l'origine par une certaine façon de vivre, ils se sont bien inscrits dans le patrimoine génétique. La reconstitution de la forme du crâne et de la face de nouveau-nés à partir de scanner 3D d'os crâniens isolés a prouvé que les traits néandertaliens (la forme des orbites, la projection de la face, la forme et la taille relative du nez ainsi que la forme du corps...) sont présents dès le début de la vie [15].

Petits, trapus mais puissants

Ce qui nous frapperait en présence d'une néandertalienne ou d'un néandertalien, ce serait leurs aspects d'homme-tonneau, courts et trapus. En outre, malgré des tailles plutôt modestes – typiquement entre 1,60 et 1,65 mètre –, nous aurions l'impression d'une grande puissance à laquelle participerait la largeur frappante de leur corps. Cette puissance physique se retrouve sur l'ensemble des os : ainsi, la clavicule est longue ; l'omoplate large ; plutôt conique, la cage thoracique est faite de côtes robustes et larges. Ce tronc massif se prolonge par un bassin, lui aussi large, mais doté d'un pubis long et plus gracile que chez Sapiens. Bien entendu, tous les sapiens ne sont pas grands, mais même les Pygmées semblent longilignes, quand on les compare aux néandertaliens, étant donné leur cage thoracique étroite surmontée d'une clavicule courte, d'une omoplate moins large et d'un bassin plus étroit. Les hommes et femmes néandertaliens étaient en outre dotés de bras aussi forts que courts et accrochés au sol par des jambes courtes.

Néandertal, un athlète surprotéiné ?

Une recherche de 2016 [16] donne une explication curieuse de la forme élargie (dite en tonneau) de la cage thoracique et de la grande largeur du bassin néandertalien. On y envisage que ces caractéristiques soient dues à l'importance du foie néandertalien, en d'autres termes de l'organe responsable de la métabolisation en énergie des protéines. Ce n'est là qu'une hypothèse, mais Néandertal mangeait (et le devait pour survivre) des quantités si phénoménales de protéines et de graisses, qu'il aurait nécessité un dispositif hépatique (le foie) et rénal (la vessie et les reins) de grande capacité afin de pouvoir éliminer les grandes quantités d'urée issues de la dégradation des protéines (toxiques pour l'organisme). Quand il consomme un steak, un humain ne transforme en énergie qu'un maximum de 30 % des protéines contenues dans la viande. Chez notre frère préhistorique, le métabolisme aurait évolué de façon à permettre au foie de digérer une quantité accrue des protéines nécessaire à la production de l'énergie surtout dans les périodes glaciaires, lorsqu'il y a une pénurie de graisses et que les hydrates de carbone (les sucres) sont rares. Au final, la cage thoracique aurait augmenté de taille pour donner au foie la place de s'hypertrophier, de sorte que le bassin néandertalien se serait aussi élargi pour faire de la place aux reins et à la vessie.

Par ailleurs, les néandertaliens devaient beaucoup se déplacer pour trouver de la nourriture et les matières premières à la base de leurs outils. Sans un corps solide aux muscles puissants, cela n'aurait pas été possible. L'architecture du corps néandertalien ainsi que la forte épaisseur des os traduisent cette nécessaire endurance physique. Sa charpente puissante et trapue était couverte de muscles dont la grande puissance se lit dans les insertions musculaires (les points d'attache des muscles) particulièrement marquées. Il suffit de compter les insertions des muscles deltoïdes, ces muscles qui unissent les omoplates aux bras, au nombre de trois (contre deux chez nous) pour se rendre compte que les néandertaliens pouvaient se servir de leur bras avec une bien plus grande amplitude que leurs frères sapiens et avec une force titanesque qu'ils mettaient à profit pour tirer (décharner, racler), pousser (jeter une lance, enfoncer un épieu), porter (transporter des charges, soulever) ou travailler (tailler le bois, la pierre, gratter une peau) [17].

Des mains d'Alien

Du reste, les rares anecdotes de chasse qu'il a été possible de reconstituer – nous les raconterons au chapitre 5 lorsque nous évoquerons la chasse néandertalienne – suffiront à nous persuader de la nécessité d'être fort pour rester un néandertalien vivant ; elles nous montreront aussi que des mains extrêmement aptes à la force, à la préhension, et sans doute à l'habileté devaient permettre aux néandertaliens de spectaculaires prouesses athlétiques. Massives, larges et puissantes, les mains néandertaliennes étaient en outre emmanchées sur des articulations épaisses. Les mains et pieds étaient mus par des muscles fléchisseurs dont la puissance se mesure à l'importance de leurs attaches ; ils étaient aussi dotés d'une liberté de mouvement des doigts sans doute supérieure à la nôtre, tout particulièrement pour les annulaires et les petits doigts que les néandertaliens pouvaient fléchir plus que ne le peuvent les sapiens.

Autre source d'étrangeté, la dernière phalange du pouce néandertalien était aussi longue que la première, ce qui implique une pince manuelle néandertalienne pouvant enserrer bien davantage que la nôtre. Si vous aviez eu un ami néandertalien, vous auriez sans doute évité de lui en serrer quatre, afin d'éviter que sa pogne ne vous broie la main... Même si la signification fonctionnelle des caractères du corps et de la main néandertaliens reste en partie énigmatique, il est clair qu'ils ont existé parce qu'ils favorisaient la survie des néandertaliens dans leur environnement.

La peau, les cheveux et les yeux clairs

Qu'a apporté la génétique dans la caractérisation de Néandertal ? Beaucoup. Grâce à elle, nos connaissances sur la biologie néandertalienne progressent à une vitesse stupéfiante. Pour le réaliser, évoquons quelques-unes des étapes importantes de l'histoire récente de la génétique humaine. En 2004 s'achevait le premier séquençage de la totalité du génome sapiens, mais par compilation des ADN de plusieurs individus. Seulement trois ans plus tard, le premier séquençage complet du génome d'un individu unique était publié [18] ! Toutefois, les premières études génétiques concernant les néandertaliens avaient commencé bien avant, puisque, dès 1997 [19], par des techniques, alors balbutiantes, l'équipe de Svante Pääbo de l'Institut Max Planck à Leipzig a séquencé un court fragment de l'ADN du néandertalien de... Néandertal (le fossile trouvé en 1856 à Néandertal). Cette première percée et celles réussies sans cesse depuis presque vingt ans ont débouché sur la mise au point de technique de séquençage complet du génome néandertalien individuel au cours des années 2010. Cette énorme avancée a aussitôt livré des informations capitales sur notre frère européen (puisque, quant à nous, nous sommes des Africains récemment immigrés !), tant sur l'ADN mitochondrial [20] (noté ADNmt, contenu dans les mitochondries) que sur l'ADN nucléaire (noté ADNn, contenu dans le noyau cellulaire) [*cf.* encadré p. 69], transformant la paléoanthropologie en une véritable paléobiologie.

Aujourd'hui, les séquences de l'ADN nucléaire de trois néandertaliens [21] sont connues : celles d'un individu d'El Sidrón en Espagne, d'un autre de Vindija en Croatie et d'un autre encore de Denisova en Sibérie méridionale. Les individus correspondants ont vécu il y a entre 44 000 et 50 000 ans. Grâce à la comparaison avec le génome sapiens, un peu moins d'une centaine de gènes propres aux néandertaliens ont été identifiés dans le génome de Néandertal ; ils sont impliqués dans le métabolisme, la peau, le squelette et le développement de la cognition. Dans la plupart des cas, on ignore encore comment ces singularités génétiques se traduisaient dans la physiologie de Néandertal, mais la recherche progresse et, du reste, voici quelques cas dans lesquels on connaît les effets des gènes spécifiquement néandertaliens.

Chez l'homme moderne, le gène *runx 2* est pathologique. Il entraîne des anomalies du développement squelettique, notamment des clavicules difformes et une cage thoracique en forme de cloche. Aussi peut-on mettre la découverte de ce gène chez Néandertal [22] en parallèle avec sa cage thoracique en « tonneau » et ses clavicules de forme si particulières. Dès lors, faut-il envisager que ce gène, néfaste chez nous, ait été sélectionné pour abriter chez les néandertaliens un foie hypertrophié, une large vessie et des gros reins (la forme de la clavicule n'étant qu'un effet collatéral de cette sélection) ? On peut légitimement se poser la question.

Le génome de Néandertal comporte aussi des gènes codant des protéines importantes pour la cicatrisation des plaies. Faut-il en déduire que les néandertaliens se blessaient souvent et qu'ils disposaient d'un efficace système de « réparation », peut-être meilleur que le nôtre ? La question reste ouverte (*cf.* chapitre 5).

Un autre exemple de gène néandertalien identifié – le gène *thada* – est associé chez nous au diabète de type 2. Pourquoi Néandertal possédait-il un gène responsable d'une maladie liée au sucre ? Est-ce ce gène qui lui conférait, au moins en partie, son métabolisme d'athlète, d'« homme du froid » ? Et nous les sapiens dans cette affaire ? Avons-nous hérité ce gène des néandertaliens, puisque, comme nous le verrons, ils comptent parmi nos ancêtres ? Autrement dit, Néandertal a-t-il influencé notre métabolisme ? Il est envisageable que nous puissions le rendre coresponsable de maladies comme le diabète, qui est dû à notre appétence exagérée (culturellement aussi !) pour les sucres (sous toutes ses formes : céréales et sucreries variées).

Par ailleurs, d'autres gènes découverts dans le génome de Néandertal sont soupçonnés d'être impliqués dans la régulation du comportement. Certaines variantes de ces gènes semblent associées à des troubles tels l'hyperactivité, l'agressivité, l'autisme et le syndrome de Gilles de La Tourette (un trouble neurologique héréditaire caractérisé par des tics moteurs et vocaux). Il est donc possible que leurs mutations aient influencé le comportement des néandertaliens. Cependant, même si c'est le cas, la nature de cette influence n'est pas connue : on ne sait pas, par exemple, s'ils augmentaient ou diminuaient leur niveau d'activité ou d'agressivité. Ces aspects méritent des recherches restant à mener.

Revenons au physique de notre frére néandertalien. Un gène nucléaire particulièrement étudié est *mc1r*. Il code une protéine jouant le rôle de récepteur membranaire dans les cellules qui se chargent en pigments (le rouge-jaune de la phéomélanine et le noir-marron de l'eumélanine). Nous savons par ailleurs que les personnes portant des mutations inhibant ce récepteur tendent à avoir les cheveux roux, la peau pâle et les yeux clairs. Or, de telles mutations (une variante inconnue sur Sapiens) ont été détectées chez un néandertalien d'Espagne (El Sidron) et chez un autre d'Italie (Monti Lessini 1) [23]. Il semble donc que les néandertaliens devaient avoir le teint pâle et que certains d'entre eux étaient comme Poil de carotte.

Comme les paléoanthropologues l'ont signalé depuis longtemps, les conditions climatiques européennes ont sélectionné tous ces traits chez les néandertaliens. Les peaux claires captent mieux les rayons du soleil, qui sont indispensables à la synthèse dans la peau de la vitamine D, si importante pour la santé osseuse.

Terminons ce tour d'horizon de la paléogénétique néandertalienne par un curieux résultat, provenu de l'étude du gène *tas2r38* [24]. Chez l'homme moderne, ce gène code des protéines destinées à se retrouver à la surface de la langue, parce qu'elles jouent un rôle gustatif. Elles permettent la détection de la phénylthiocarbamide, un composé amer présent dans diverses plantes (par exemple les épinards et les choux de Bruxelles) ainsi que d'autres substances analogues influençant la saveur. Cette capacité de reconnaissance des substances végétales amères est évidemment importante au sein d'une population de chasseurs-cueilleurs. Or on a découvert chez le spécimen néandertalien espagnol séquencé (El Sidron) les deux variantes de ce gène connues chez l'homme : la variante du « goûteur » (qui détecte la phénylthiocarbamide et ne l'apprécie pas) et celle du « non-goûteur » (qui y est insensible). Visiblement, certains néandertaliens aimaient les plantes amères et d'autres non…

Les deux sortes d'ADN

Une cellule humaine renferme deux sortes d'acide désoxyribonucléique, c'est-à-dire d'ADN : l'ADN nucléaire et l'ADN mitochondrial. Ce dernier a été le premier à être séquencé chez Néandertal. Pourquoi ? Simplement parce que l'on a plus de chance de trouver de l'ADN mitochondrial au sein de restes fossiles, puisqu'il existe dans chaque cellule des milliers d'exemplaires de cet ADN dans les mitochondries, ces petits organites responsables du transport de l'énergie métabolique vers la cellule. En revanche, il n'existe dans la cellule qu'un seul noyau contenant un unique exemplaire d'ADN cellulaire, même s'il est d'une taille beaucoup plus importante qu'un exemplaire d'ADN mitochondrial. Un ruban de ce dernier contient en effet quelque 16 000 nucléotides (c'est-à-dire adénine, cytosine, guanine ou thymine, les quatre bases possibles entrant dans la composition des acides désoxyribonucléiques), alors que l'ADN nucléaire en comprend environ trois milliards. Rappelons que chacun tient ses mitochondries de sa mère, de sorte que l'ADN mitochondrial n'est transmis que par les femmes, sans recombinaison comme dans le cas de l'ADN nucléaire. Cela simplifie les calculs de distances génétiques. Dans la première étude jamais réalisée sur l'ADN néandertalien, une séquence de seulement 379 bases avait été séquencée, mais elle fit apparaître d'emblée que l'ADN mitochondrial des néandertaliens était différent de celui des sapiens contemporains, qu'ils soient européens, africains, amérindiens ou asiatiques. Ces résultats ont été confirmés par le séquençage complet de l'ADN mitochondrial de plusieurs fossiles néandertaliens (Vindija Feldhofer 1 et 2, Vindija 33, Mezmaiskaya, El Sidron 1253, publié en 2008 et en 2009). S'agissant de leur ADN mitochondrial, les néandertaliens s'avèrent bien plus proches entre eux qu'ils ne le sont de nous. Ils constituent donc bien une espèce sœur de la nôtre. Nos frères, au sens génétique du terme, pourrait-on dire…

Figure 4-1 : les néandertaliens Fiancé du Nord et Oncle fort à la chasse au lièvre des neiges.

4

NÉANDERTAL : UN CORPS ADAPTÉ AU FROID ?

« En biologie, rien n'a de sens, sauf à la lumière de l'évolution », Theodosius Dobzhansky [1].

Cela fait déjà une saison que Fiancé du Nord a rejoint le clan de l'ours. Il a eu le temps de connaître toutes les filles du clan et même certaines femmes, mais c'est avec Fiancée rousse qu'il aime le plus se coucher sous la peau de l'ours qu'il a tué l'hiver dernier. Cette peau, Fiancée rousse l'a entre-temps traitée et mâchée si longtemps qu'elle est devenue une magnifique couverture souple et chaude. Quand « Fiancée rousse » l'invite à s'y abriter, il sait qu'il n'aura pas froid en dormant…

Aujourd'hui, l'« Oncle fort » a décrété une chasse au lièvre des neiges, alors Fiancé du Nord a quitté tôt l'abri de la couverture. Debout au seuil glacial de la grotte, il attend que Fiancée rousse ait fini de fixer des plaques d'écorce de bouleau à ses bottes. Comme il l'a déjà aidée à s'équiper, quand elle a fini, ils se mettent à contempler la plaine enneigée. Une fois de plus, c'est elle qui trouve en premier les traces laissées cette nuit par les lièvres…

Néandertal a traversé trois périodes glaciaires. Pendant une bonne partie de son existence, il a vécu dans des steppes gelées ou du moins enneigées (*cf.* figures chapitre 1).

Comment s'y est-il adapté ? Affrontait-il les grands froids vêtus de fourrures ? Était-il habile à se confectionner des vêtements cousus et fourrés ou préférait-il, pour résister au froid, s'enduire le corps de graisse animale en portant juste une peau sur le dos, technique qu'employaient par exemple certains des anciens habitants de la Terre du Feu ? Et puis les néandertaliens chassaient-ils par tous temps ? Lorsque le blizzard soufflait, restaient-ils, dans leurs abris, pelotonnés les uns contre les autres au chaud (façon de parler) ou plutôt dans le fond tempéré mais humide d'une grotte, comme ce fut peut-être le cas dans la grotte de Bruniquel [2] il y a 180 000 ans ?

Nous ignorons les réponses à toutes ces questions, mais ce que nous pouvons constater sur les fossiles, c'est que *H. neanderthalensis* avait un corps très adapté au froid, comparable à maints égards à celui petit et râblé des Inuits... Le premier paléoanthropologue à lier l'évolution des néandertaliens au climat fut Francis Clark Howell. En 1951, alors qu'il n'avait que 26 ans, celui qui allait devenir l'un des plus respectés préhistoriens américains, tente dans un article de comprendre l'évolution anatomique de cette population à partir des climats et des environnements qu'elle a connus [3]. F. C. Howell – que la communauté scientifique nomme simplement Clark – cherche une explication simple et générale des traits néandertaliens. Pour cela, il postule que si une population réussit, c'est qu'elle s'est adaptée ou s'adapte à son environnement. Il traduit par là directement l'un des principes de la théorie de l'évolution : les changements lents – ceux qui s'effectuent à l'échelle géologique – sélectionnent des traits biologiques au sein des populations qui les subissent. Comme le climat change d'une région de la Terre à l'autre, cette sélection produit donc que les individus s'adaptent physiologiquement aux climats sous lesquels vit leur population. Clark souligne dans son texte que la péninsule eurasiatique qu'est l'Europe constitue un environnement singulier, possédant un climat particulier et que ce point doit jouer un rôle dans la sélection à l'origine du corps néandertalien.

Après l'article pionnier de Clark, plusieurs chercheurs envisagèrent les traits anatomiques néandertaliens sous un nouvel angle : sont-ils le résultat d'une adaptation au froid ? Seulement ? Les études effectuées dans les populations actuelles vivant en milieu extrême les ont aidés à répondre à cette question. Elles montrent que le corps humain est sensible au climat et qu'il s'adapte. Ainsi, les adaptations à la température (être plutôt longiligne ou plutôt compact), aux radiations solaires (avoir la peau plus ou moins sombre), à l'altitude (les Aymaras, des Quéchuas des hauts plateaux boliviens ou les Urus de la frontière Bolivie/Pérou ont plus de globules rouges) sont aujourd'hui bien identifiées.

S'agissant des néandertaliens, ce sont en particulier les relations fortes existant entre les proportions corporelles et l'adaptation au froid qui ont intéressé les chercheurs. Ils se tournèrent logiquement vers les premières recherches en biologie consacrées à la morphologie des organismes homéothermes – ceux qui ont une température interne constante – qui furent menées pendant la seconde moitié du XIXe siècle[4]. Leurs auteurs sont le biologiste allemand Carl Bergmann et le zoologue britannique Asaph Joel Allen. Les deux hommes mirent au point des règles empiriques – devenues les règles de Bergman et d'Allen – qui synthétisent les effets sur le corps de l'adaptation à l'environnement.

Du phoque à la girafe en passant par les oreilles d'éléphants

La règle de Bergmann édicte que les mammifères vivant dans une région froide tendent, à taille égale, à des masses corporelles plus élevées que leurs congénères des régions chaudes. Ainsi, les sangliers sibériens sont en général plus massifs que les cochons sauvages provençaux. De son côté, Allen a mis en évidence que les animaux tendent à avoir des extrémités plus longues sous les climats chauds et plus courtes sous les climats froids.

Naturellement, les règles de Bergmann et d'Allen s'appliquent aussi à ces mammifères que sont les humains. Cette réalité est par exemple très bien illustrée par le contraste frappant existant entre le corps grand, sec et longiligne des Massaïs (une ethnie kényane et tanzanienne) et celui court et trapu des Inuits (une ethnie arctique). Tandis que les premiers, vivent et chassent l'antilope sous des températures le plus souvent comprises entre 30 et 40 °C, les seconds traquent le phoque sous des températures souvent comprises entre – 10 et – 20 °C…

L'origine de ces règles est physique : le rapport surface/volume d'un animal plus compact (plus sphérique) est en effet inférieur à celui d'un animal longiligne (moins sphérique) : de toutes les formes géométriques, la sphère est en effet celle qui a le plus petit rapport surface/volume. Or tout corps perd sa chaleur interne à la fois par conduction (au contact de l'air par exemple) et par rayonnement (infrarouge surtout). Quand le corps d'un être humain se trouve dans une atmosphère froide, des pertes par rayonnement se produisent, qui sont proportionnelles à la fois à la différence entre la température superficielle du corps (inférieure de quelques degrés à la température interne) et la température extérieure et à l'étendue de la surface corporelle. Ces pertes sont par ailleurs proportionnelles à la quantité de chaleur corporelle produite, laquelle chez les organismes homéothermes (à température interne constante) que nous sommes est proportionnelle à la masse corporelle. En conséquence, le rapport « chaleur produite/chaleur dissipée » d'un corps compact et volumineux est plus élevé que celui d'un corps allongé et mince.

Dans un climat froid, plus la superficie exposée est grande, plus la perte de chaleur interne est importante, puisque la température interne du corps, donc sa température de surface, est supérieure à la température ambiante. Une surface d'échange plus faible due à un corps plus massif (règle de Bergmann) réduit donc la déperdition de chaleur, et celle-ci devient encore plus petite, si en plus d'avoir un corps massif, on a aussi des membres courts (règle d'Allen). Voilà pourquoi les phoques ont l'air si pataud : comme ils vivent dans l'eau froide, ils ont intérêt à un corps compact flanqué de membres courts. Et c'est ce qu'ils ont !

Dans un climat chaud, la logique s'inverse : la surface corporelle plus grande d'un corps longiligne permet de mieux évacuer la chaleur (règle de Bergmann) étant donné que le flux de chaleur sortant est plus faible du fait d'une différence de température entre l'air ambiant et l'intérieur du corps plus faible, voire négative. Cela sera encore plus vrai, si la surface d'échange est augmentée de toute la superficie de membres longs (règle d'Allen), ce qui est bien le cas de la girafe. Les grandes oreilles des éléphants et la silhouette élancée des Masaïs sont également de bonnes illustrations du phénomène.

Humain × phoque = néandertalien

Comme nous l'avons décrit au chapitre précédent, les néandertaliens étaient petits et râblés (*cf.* figure 2-3). Dès 1887, la longueur réduite de leurs membres a attiré l'attention des chercheurs qui étudiaient les néandertaliens belges de Spy [5]. Toutefois, il faudra attendre 1981 pour que soit menée une étude approfondie de la question [6]. Pour évaluer les proportions corporelles relatives, ses auteurs calculèrent les indices crural et brachial, c'est-à-dire le rapport jambe/cuisse et le rapport avant-bras/bras. Chez les néandertaliens, les valeurs basses de ces indices prouvent que leurs jambes et leurs avant-bras étaient plutôt courts par rapport à la cuisse et au bras. En fait, ces valeurs les situent à l'extrémité inférieure de l'intervalle de variation des mêmes indices chez les sapiens, ce qui rend les néandertaliens comparables aux Inuits et aux Lapons, à deux ethnies sapiens boréales donc.

Aucun doute n'est possible, les néandertaliens ont bien été une population adaptée au froid, aux corps massifs et aux membres raccourcis[7]. Et nous, Européens des temps modernes, comment nous situons-nous ? Nous avons dans la majorité des cas une silhouette plutôt longiligne aux membres longs. Bref, des corps d'hommes tropicaux… Voilà bien la preuve que nous venons d'Afrique !

Depuis cette première analyse, d'autres études plus élaborées ont été faites sur les proportions de l'anatomie néandertalienne. Toutes vont dans le même sens. L'adaptation au froid de Néandertal se lit aussi dans le fait que sa tête fémorale est plus large, relativement à la longueur du fémur, que chez les groupes humains étudiés, actuels et fossiles. Autrement dit, Néandertal avait, pour sa corpulence, des jambes courtes. On a aussi comparé la longueur de ses jambes avec celle de son tronc, puis mis les chiffres en vis-à-vis de ceux de populations européennes, nord-africaines, populations subsahariennes et inuite[8]. Toutes ces observations confirment que les néandertaliens étaient plus râblés que la moyenne des sapiens. Un mot technique employé par les paléoanthropologues résume la situation : les néandertaliens étaient des hyperpolaires, au même titre que les Inuits et les Lapons.

Évidemment, tous les néandertaliens ne vivaient ou ne vécurent pas toujours pas en milieu glaciaire. Parce qu'ils occupaient une zone plutôt tempérée, les néandertaliens ayant vécu au Proche-Orient étaient dotés d'une conformation moins hyperboréale (moins adaptée au froid) que celle de leurs cousins d'Europe. On le voit sur les fossiles, qui dans cette région sont plus souvent mieux conservés grâce à une tradition culturelle néandertalienne locale : les sépultures (nous en reparlerons au chapitre 8). Cependant, une chose est claire : une fois acquis, les caractères sélectionnés pendant les périodes froides, voire glaciaires, ont persisté à travers les périodes interglaciaires et se sont transmis aux générations suivantes, même si celles-ci n'affrontaient plus de températures très basses.

Une climatisation dans le visage ?

Quid de la tête en ballon de rugby ? Souvenez-vous : Néandertal possède une tête allongée dotée d'une grande barre osseuse nommée torus sus-orbitaire au-dessus des yeux et d'un énorme nez. Ces particularités sont-elles également le fruit d'une adaptation au froid ? La cavité nasale remarquablement large des fossiles néandertaliens a attiré très tôt l'attention des scientifiques. En 1962, dans un ouvrage très controversé intitulé *L'Origine des races*, l'anthropologue américain Carleton Stevens Coon propose cette hypothèse : la forme du nez néandertalien aurait aidé à réchauffer et à humidifier l'air inhalé [9]. Au cours de l'évolution, la cavité nasale des néandertaliens se serait donc élargie, réchauffant mieux l'air ambiant et protégeant davantage le cerveau du froid.

Cette hypothèse était décriée encore récemment, car le fait de posséder un nez épaté semble loin d'être un avantage dans la lutte contre le froid au sein de nombre de populations humaines. Les Inuits, par exemple, sont dotés d'ouvertures nasales longues et étroites, tandis que les hommes vivant sous des climats chauds, en Afrique subsaharienne notamment, ont souvent des nez larges et aplatis. Il a fallu attendre 2014 pour qu'une étude tranche. Elle a réuni des paléoanthropologues du Muséum américain d'histoire naturelle et les oto-rhino-laryngologues du Centre médical d'État SUNY à New York [10].

Après avoir scanné l'intérieur des voies nasales de néandertaliens et de certains de nos contemporains, cette équipe new-yorkaise est parvenue à la conclusion que le système respiratoire de Neandertal diffère de celui de Sapiens, ce qui explique que certaines de ses caractéristiques telle la largeur des fosses nasales ont évolué différemment dans les deux espèces. Il ressort plutôt de leur étude que le nez de notre frère préhistorique, loin d'être un chauffage pour le cerveau, est plutôt resté un nez africain ! Sa morphologie particulièrement large et élargie se retrouve d'ailleurs sur les fossiles des heidelbergiens de Petralona en Grèce et de Kabwe au Zimbabwe, mais plus chez les sapiens eurasiens. Plus que leurs frères néandertaliens, ce sont plutôt ces derniers qui semblent avoir adapté leur morphologie nasale aux contraintes climatiques du Nord. Voilà pourquoi aujourd'hui un Inuit peut se targuer de promener dans le climat arctique un nez à la Cléopâtre tandis que Néandertal promenait plutôt un gros pif tropical dans le climat glaciaire.

Pour autant, la grande quantité de petits foramens (de trous) présents sur la face néandertalienne indique un autre type d'adaptation au froid : la présence dans les os et les chairs du visage de nombreux vaisseaux sanguins. Là, il s'agit sans aucun doute d'une arme contre le froid probablement spécifique à Néandertal.

Les sinus néandertaliens ont attiré la même attention, car chez Néandertal ces cavités remplies d'air contenues dans les os crâniens (notamment dans la face et dans le front) sont étonnamment volumineuses : on les dit « en chou-fleur ». C'est Emanuel Vlček, un brillant chercheur de l'université de Prague, qui, en 1965, émit le premier une hypothèse pour expliquer cette taille : les sinus néandertaliens auraient eu un effet isolant, dans la mesure où la chaleur ou le froid se transmettent en effet moins facilement à travers l'air qu'ils ne le font à travers une masse solide tels la chair ou l'os [11]. Cette interprétation intéressante sera contredite une dizaine d'années plus tard à l'issue de mesures réalisées sur les radiographies de crânes d'aborigènes australiens, d'Inuits et d'Européens [12]. Il en ressortit que chez les Inuits, les sinus frontaux sont presque toujours absents ! Cette conclusion a été confirmée récemment par une étude anatomique plus précise menée via des images tridimensionnelles [13]. Si les Inuits n'ont pas de tels sinus, alors il semble difficile de conclure que les sinus néandertaliens avaient une fonction isolante. Pour quel avantage étaient-ils si larges alors ? Pour alléger le poids du crâne à paroi épaisse des néandertaliens ? L'énigme demeure…

Quand Néandertal a-t-il développé ses défenses antifroid ?

Au vu du faible nombre de squelettes néandertaliens dont nous disposons, il semble difficile *a priori* de dire quand les caractères d'adaptation au froid sont apparus, d'autant plus qu'ils ont pu évoluer pour d'autres raisons que le climat : l'isolement géographique de l'Europe et la dérive génétique qu'il a pu entraîner (évoquée au chapitre 2). Quoi qu'il en soit, nous sommes certains que tous les traits possiblement liés à une adaptation au froid sont présents il y a quelque 70 000 ans, car, curieusement, certains clans néandertaliens se mettent alors à ensevelir leurs morts, de sorte que nous disposons de squelettes complets. En revanche, leurs ancêtres lointains, les heidelbergiens (dont l'âge est compris entre 621 000 et 478 000 ans) ne nous ont légué que des os isolés. Ils suffisent heureusement pour conclure que ces ancêtres des néandertaliens avaient des tailles et des longueurs de membres bien supérieurs à celles de leurs descendants (chapitre 2). On peut donc au moins avancer que l'adaptation au froid de Néandertal s'est déroulée après 478 000 ans pendant une période glaciaire. Laquelle ? Malheureusement, nous avons si peu de données fossiles datant des âges glaciaires que nous ignorons si ce sont bien les périodes froides (et lesquelles) qui ont provoqué l'adaptation au froid des néandertaliens.

Autant pour les méthodes traditionnelles d'étude ! Apparue ces derniers vingt ans, une nouvelle science nous en dit davantage : la paléogénétique. Que livre-t-elle à propos du froid ? La même chose que ce que suggèrent les études anatomiques : les néandertaliens tardifs dont le génome a été séquencé possédaient bien des gènes d'adaptation au froid. Ces gènes qui contrôlent les anastomoses artério-veineuses (les connexions artère-veine par un réseau capillaire) jouent donc sur la façon dont la chaleur interne est conservée à l'intérieur du corps, sur la peau et sur le métabolisme des graisses. Aujourd'hui, ces gènes sont observés dans les populations humaines actuelles vivant hors d'Afrique. Or les calculs génétiques ont montré que plus de 20 % du génome néandertalien survit dans l'ADN de nos contemporains, même si chaque Eurasien – par « Eurasien », nous entendons ici un habitant de l'Eurasie – n'en recèle que de 1 à 3 %[14]. On trouve dans ce métagénome des gènes participant au métabolisme des lipides favorisant le stockage des graisses, ce qui est avantageux lorsqu'on mène une vie active sous un climat froid. Ces études génétiques suggèrent que, lorsqu'il s'est hybridé avec Sapiens, Néandertal a cédé aux sapiens eurasiens des gènes facilitant une adaptation au froid du climat européen.

Ainsi, c'est peut-être le mélange entre les espèces sœurs qu'étaient *H. neanderthalensis* et *H. sapiens* qui a accéléré la pénétration de notre espèce vers le nord de la planète ? Le coup de pouce a pu être culturel aussi. À leur contact, les sapiens ont sûrement dû apprendre des néandertaliens nombre des techniques de survie en milieu froid. Si Sapiens a conquis la Terre en moins de cinquante mille ans, c'est peut-être parce que son frère Néandertal l'a aidé face au froid.

Des néandertaliens réfugiés dans l'extrême Nord de l'Asie ?

En 2007, Ludovic Slimak, un chercheur au CNRS de l'université de Toulouse répond à l'invitation d'un collègue russe. Pavel Pavlov lui demande de venir étudier dans son laboratoire les outils en pierre trouvés sur plusieurs sites de la république russe des Komis. Sur place, quelle n'est pas sa surprise de découvrir dans la collection des outils typiques de l'industrie « moustérienne », c'est-à-dire de l'industrie pratiquée par les néandertaliens ! Ces 313 silex, qui comportent notamment des bifaces et des racloirs (faits d'éclats) débités par la technique dite Levallois, sont issus du site de Byzovaya. Or l'endroit se trouve à 1 000 kilomètres plus au nord que le plus septentrional des sites néandertaliens connu jusqu'ici, et, aujourd'hui encore, en cette région située juste sous le cercle polaire, des températures de – 40 °C se maintiennent pendant plusieurs mois en hiver.

Les préhistoriens se rendent alors sur le site et découvrent un habitat ancien sur la rive de la Péchora, un grand fleuve orienté au nord. Le site livre aussi des ossements animaux, en grande majorité de mammouth, dont certains portent des traces de découpe. Le passage en un tel endroit de chasseurs pratiquant culture matérielle moustérienne est d'autant plus stupéfiant que la datation par radiocarbone fait remonter le site entre 28 000 et 30 000 ans, c'est-à-dire à une période où les néandertaliens sont censés avoir disparu d'Europe occidentale depuis au moins 8 000 ans !

À la lumière de cette découverte, certains paléontologues concluent hâtivement qu'au crépuscule de leur espèce, des néandertaliens se seraient réfugiés non seulement dans le sud de l'Europe (notamment sud de la péninsule Ibérique) mais aussi dans la steppe à mammouth de l'extrême Nord européen. Toutefois, en l'absence de fossiles humains, il est impossible d'être sûr que les artisans de la culture moustérienne trouvée à Byzovaya étaient bien des néandertaliens. En effet, plusieurs autres groupes – les Sapiens archaïques d'Afrique du Nord et ceux du Proche-Orient, par exemple – pratiquaient aussi le débitage Levallois, qui semble avoir été répandu parmi les préhistoriques, même s'il est typiquement néandertalien en Europe. La possibilité d'un refuge nordique néandertalien n'est pas ridicule, mais ne peut être vue comme prouvée par les constatations de Byzovaya. Si jamais elle devait être confirmée, cela montrerait qu'une partie de la population sélectionnée par le froid qu'étaient les néandertaliens a perduré longtemps… dans le froid et sans doute grâce au froid.

Figure 5-1 : le clan d'« Oncle fort » en train d'épier le troupeau qu'il est sur le point d'attaquer. Les chevaux préhistoriques étaient comparables à des poneys actuels et tous de robe couleur sable, la crinière et la queue noires.

5

NÉANDERTAL : CHAROGNARD, CHASSEUR ET CANNIBALE

« Je pense qu'il y a plus de barbarie à manger un homme vivant qu'à le manger mort […]. »,
Michel de Montaigne [1].

Ce jour-là, le clan de l'ours est chanceux : il a mené une chasse dangereuse et… pas de blessé ! D'abord, l'épieu d'Oncle fort a étendu un poulain. Tous ont attaqué en même temps sa mère venue le défendre. Après un premier coup d'épieu d'Oncle roux qui l'a déjà saignée, la jument s'est cabrée au-dessus de lui. C'est à ce moment-là qu'avec une sûreté qui stupéfia Fiancé du Nord, Fiancée rousse lui ficha son épieu au défaut de l'épaule, et comme la jument retombait vers Fiancé roux, elle résista à sa poussée. La bête la projeta par l'intermédiaire de son épieu, mais une fois juste devant Oncle roux, elle… s'écroula.

Pas un blessé ! Déjà, Oncle roux organise le débitage de cette viande de cheval et son transport vers le camp. Une grande fête à la viande va avoir lieu. Dans la joie et les jeux, chacun va se gorger jusqu'à en éclater. Il faut profiter de cette nourriture vitale avant qu'elle ne pourrisse…

Comment Néandertal trouvait-il sa nourriture ? Chassait-il ? Ou bien était-ce un charognard profitant des proies d'autres prédateurs ? Vous avez vous-même certainement votre avis sur la question. Pour la plupart des gens, cela va sans dire : tous les hommes préhistoriques, donc les néandertaliens, étaient des chasseurs.

Pourquoi ce préjugé ? À cause peut-être de la plus célèbre scène du tout premier roman préhistorique jamais publié. En 1872, dans *Solutré ou les chasseurs de rennes de la France centrale*[2], Adrien Arcelin décrit des chasseurs sapiens affolant un troupeau de chevaux pour le pousser jusqu'à l'extrémité de l'éperon rocheux de Solutré avant de le faire culbuter dans le vide. Une scène mythique qui, dans une édition de 1876, sera représentée ensuite par une gravure, qui restera célèbre. Ensuite, elle se transmettra de génération en génération dans l'imaginaire collectif. Or il ne s'agit que d'une fable ! À Solutré en Bourgogne, ce type de chasse est une invention de romancier. Elle n'a jamais eu lieu.

Pour écrire son roman, Arcelin n'a pourtant pas totalement affabulé. Il s'est inspiré de la découverte au pied de l'éperon rocheux de Solutré d'un ossuaire de chevaux préhistoriques. Pour autant, l'examen de ces squelettes a révélé qu'ils ne portent pas les fractures osseuses que la chute aurait dû entraîner.

Si la scène racontée par Arcelin a créé un cliché, elle a aussi fait passer l'idée générale que les chasseurs préhistoriques, dont les néandertaliens, avaient des moyens de chasser. Alors, Néandertal, chasseur ou pas ? Maintenant que nous savons que l'imagination d'un romancier n'est pas toujours une source fiable de thèses scientifiques, essayons de démêler le vrai du faux. Nous allons voir que si, aujourd'hui, les paléontologues savent répondre à la question, le cheminement de leur pensée a suivi une longue voie sinueuse. Pour exposer ce cheminement erratique, commençons par la fin et tournons-nous vers… un chantier d'autoroute.

Une sacrée boucherie !

Plus précisément, tournons-nous vers les travaux de terrassement réalisés, en 2014, à Quincieux non loin de Lyon, pour construire l'autoroute 466. Au cours de ces travaux, les ouvriers découvrirent une grande abondance d'ossements d'animaux. Rapidement, il devint clair qu'il s'agissait d'espèces préhistoriques. En France, depuis environ quinze ans, nous avons l'énorme chance de disposer dans des cas comme celui-ci, d'une institution, l'Inrap [3] (l'Institut national de recherches archéologiques préventives), qui permet de réaliser lors d'aménagement du territoire des diagnostics archéologiques préventifs et de prélever les éventuels vestiges précieux renfermés dans nos sols. Au sein de l'ossuaire animal, les archéozoologues de l'Inrap ne tardèrent pas à identifier des espèces aujourd'hui disparues, mais présentes aux époques de Néandertal : mammouth, rhinocéros laineux, bisons, loup et autre ours des cavernes… Rien de très novateur là-dedans, mais lorsqu'on observa de près les os : certains présentaient des traces de découpe. Il s'agissait manifestement d'ossements exploités par Néandertal.

Mieux, la présence en cet endroit boueux de restes d'un ours des cavernes et de loups – des animaux intéressants pour leurs fourrures – et le fait que les ossements soient mêlés et rarement en connexion anatomique suggère fortement que le site était une boucherie néandertalienne. Pour se faciliter la tâche, les néandertaliens s'étaient installés près d'un cours d'eau et d'un gisement de silex.

En tout cas, il est certain que des néandertaliens sont intervenus dans la constitution de cet amas, car certains os ont intentionnellement été fracturés. On sait même que ces néandertaliens n'ont pas tout consommé sur place : au sein de l'accumulation, les os longs des carcasses tendent à manquer, ce qui suggère que les gigots, cuisseaux et autres quartiers riches en viande et en graisse ont été préparés pour être emportés ailleurs, sans doute dans un campement semi-permanent.

Malgré ces évidences, passé leurs premières observations, les archéologues se sont refusés à accepter d'emblée que ce site résultait bien d'activités de chasse et de boucherie d'un clan néandertalien. Avant d'être si affirmatifs, ils ont voulu examiner les os de plus près, en particulier afin d'y chercher des traces de crocs de carnivores. S'il en existait et si ces traces étaient antérieures aux découpes faites au silex, cela signifiait que les néandertaliens seraient seulement venus exploiter une accumulation de cadavres. Autrement dit, sur ce site, les néandertaliens, tels des vautours, auraient pu se comporter en charognards et non en chasseurs.

Il est vrai qu'on connaissait au moins un cas vraisemblable de charognage néandertalien : le cas d'un mammouth laineux *(Mammuthus primigenius)* découvert en 2012 à Changy-sur-Marne lors d'une fouille de sauvetage. Les archéologues de l'Inrap, qui l'ont patiemment mis au jour, l'ont plaisamment nommé Helmut. Le scénario des derniers instants d'Helmut qu'imaginent les archéologues est le suivant : l'animal, un jeune adulte, avait ses habitudes sur une rive boueuse de l'ancienne Marne il y a plus de 130 000 ans, quand il s'y sera retrouvé piégé parce qu'un soudain dégel avait liquéfié la boue de la rive. Un discret éclat de silex [4] retrouvé près de l'énorme maxillaire d'Helmut atteste que des néandertaliens sont venus exploiter la carcasse. Peut-être ont-ils été alertés par les barrissements que poussait Helmut, à moins qu'ils n'aient découvert l'animal déjà mort. En revanche, il est très peu probable qu'ils l'aient tué eux-mêmes, car il semble qu'ils ont peu exploité le cadavre.

Néandertal s'est-il comporté en chasseur sur le site du tracé d'autoroute 466 ou en charognard comme à Changy-sur-Marne ? Les résultats définitifs de la première étude n'ont pas encore été publiés, mais la prudence extrême dont s'entourent les chercheurs avant de conclure est révélatrice de la sensibilité du sujet dans la communauté préhistorienne, laquelle résulte d'une histoire tumultueuse.

Le problème est que les préhistoriens ont longtemps manqué de données, ce qui ne les a pas empêchés de se risquer à des hypothèses. À l'époque de la découverte du premier fossile de l'espèce dans la vallée de la Néander, on ne croyait pas trop à l'hypothèse d'un Néandertal chasseur, puis à mesure que l'on a découvert d'autres hommes fossiles plus archaïques, on s'est mis à considérer les néandertaliens comme des chasseurs, sans que, jamais, la question ne soit traitée au fond.

Un maçon au pôle Nord

Heureusement, dans les années 1970, l'archéologue américain Lewis Binford commença à mettre de la science dans cette problématique. Binford était un universitaire atypique : soldat pendant la Seconde Guerre mondiale, il eut l'occasion de pratiquer des fouilles archéologiques sur les îles du Pacifique et au Japon, dans les années 1950, ce qui déclencha sa vocation. Après son retour aux États-Unis, il poursuivit des études universitaires d'archéologie, qu'il finança grâce à l'entreprise de maçonnerie qu'il avait créée… Parvenu à l'archéologie par une voie inhabituelle, Binford eut une œuvre au diapason de sa vie. En particulier, il fut l'un des fondateurs dans les années 1960 d'une nouvelle forme d'archéologie, qui allait jouer un grand rôle dans l'étude des néandertaliens : l'archéologie dite processuelle.

Pour l'essentiel, ce nouveau paradigme en archéologie consistait à émettre une hypothèse de travail à propos d'un processus social, puis à rechercher dans la réalité des données qui la corroborent ou pas. Dans ce type d'approche, l'archéologue ne doit pas seulement décrire les ensembles archéologiques importants ou s'attarder sur les pièces rares, mais, tel un anthropologue, il doit analyser toutes les particularités (sociales, techniques, religieuses ou culturelles) de la société ancienne afin d'identifier des marqueurs du comportement social qu'il imagine être à l'œuvre. C'est l'humain du passé que l'on ambitionne de cerner en faisant parler les données archéologiques.

Cette approche s'est révélée particulièrement fructueuse en archéologie préhistorique, tout particulièrement sur la question de la subsistance de populations dans la nature. Afin de mieux comprendre l'environnement périglaciaire occupé par les hommes pratiquant l'industrie moustérienne, bref par les néandertaliens, Binford entreprit dans les années 1960 de déterminer comment le comportement de chasseurs-cueilleurs se reflète dans les vestiges archéologiques (dans ce que les préhistoriens nomment la « culture matérielle »). Il décida pour cela d'observer un groupe actuel de chasseurs-cueilleurs vivant dans un environnement comparable à celui des néandertaliens et choisit les Nunamiuts, un peuple inuit d'Alaska.

Les observations de terrain faites pendant cette expédition « ethnoarchéologique » visaient à établir quels liens existent entre le comportement d'un groupe de chasseurs et les traces matérielles qu'il laisse. Le livre de Lewis Binford, *Bones. Ancient Men and Modern Myths* (Os, Hommes anciens et mythes modernes) [5] a eu un énorme succès en France dans la communauté archéologique et remit en question un certain nombre d'idées reçues. En particulier le fait que la présence de traces d'intervention humaine sur les os d'animaux (décharnement, raclages, désarticulations…) signifiait forcément une prédation active de la part des hommes. Binford démontra que ce n'était pas nécessairement le cas.

Sous l'influence de ce travail, les os des animaux exhumés sur les sites préhistoriques furent réexaminés afin de déceler notamment d'éventuelles traces de crocs des carnivores supposés être intervenus sur les proies avant Néandertal. Si de telles traces existaient, elles renforceraient l'hypothèse d'un Néandertal charognard et opportuniste. Et le réexamen des pièces ne mena à... rien. Les anciens ossements n'arboraient que de rares marques de carnivores. Après un feuilleton vieux d'un siècle, la preuve était enfin apportée que Néandertal chassait ses proies.

Ce ne fut pas l'unique indice allant dans ce sens. Des analyses statistiques réalisées sur la nature, l'âge et le sexe des animaux, montrèrent que ceux-ci ne se trouvaient pas en proportions correctes s'ils étaient morts sous les crocs ou les griffes de leurs prédateurs habituels. Les chiffres ne reflétaient pas

Qui mange-t-on ce soir ?

Longtemps, l'existence du cannibalisme chez les néandertaliens a été contestée. La pratique n'était en effet documentée que par la fouille ancienne de la grotte de la Krapina en Croatie [6], où des centaines d'ossements issus d'une trentaine de néandertaliens morts il y a quelque 120 000 ans avaient été découverts, portant des marques de boucherie. Depuis, de nouvelles preuves de l'anthropophagie néandertalienne ont été découvertes : des os porteurs de nombreuses traces de découpe, de décharnement, de démembrement par section des tendons, sans parler d'os cassés dans le but évident d'exploiter la moelle. Les néandertaliens se sont livrés au cannibalisme aussi bien au MIS 5 (de 130 000 à 71 000 ans ; par exemple en France en Ardèche à l'abri Moula Guercy) qu'au MIS 4 (71 000 à 57 000 ans ; à Marillac-les-Pradelles en France en Charente ; à El Sidron en Espagne) ou encore au MIS 3 (57 000 à 29 000 ans ; à la grotte Goyet en Belgique datant de 45 000 ans) [7]. Ainsi les néandertaliens se sont livrés à l'anthropophagie pendant une très longue période notamment après qu'ils eurent commencé à enterrer leurs défunts. Du reste, cette pratique est aussi connue sur leurs lointains prédécesseurs d'Atapuerca (*Homo antecessor* [8]).

l'histoire normale de vie et de mort de la faune locale. En fait, ces écarts se contentaient de traduire la sélection de certaines proies opérée par Néandertal lors de la chasse.

La lance de Lehringen

Ironie de l'histoire, une preuve directe de chasse néandertalienne existait depuis plus d'un demi-siècle, mais on l'avait oubliée ! En 1948, alors que l'on extrayait de la Marne à Lehringen, en Basse-Saxe, le squelette d'un gros mammifère apparut. Le propriétaire du terrain alerta Alexander Rosenbrock, universitaire à la retraite et préhistorien amateur. Sur place, Rosenbrock identifia le squelette d'un éléphant à défenses droites *(Elephas antiquus)*, puis tomba sur les restes étonnamment bien conservés d'un épieu enfoncé entre les côtes de l'éléphant. De 2,4 mètres de long, cette arme avait manifestement été forcée par l'avant dans la cage thoracique de l'animal.

Une étude montrera que l'éléphant devait avoir environ 45 ans au moment de sa mort et mesurait quelque quatre mètres au garrot. Pour qui sait à quel point un éléphant blessé est agressif et dangereux, cette constatation est stupéfiante. Elle avait tant étonné les préhistoriens allemands qui étudièrent le cas dans les années 1950, qu'ils supposèrent que les néandertaliens se servaient d'épieux empoisonnés… Une interprétation plus que douteuse dans la mesure où, avec ou sans poison, une attaque frontale de l'animal est hautement risquée, tandis que lui infliger une blessure, même grave, ne pouvait qu'attiser la colère de l'animal.

Une hypothèse plausible est d'imaginer que des néandertaliens, après avoir repéré un éléphant piégé dans les sédiments mous d'un marais ou l'y avoir poussé par quelque ruse, l'ont mis à mort. Ainsi, l'éléphant de Lehringen a sans doute été abattu alors qu'il était piégé. Il n'en demeure pas moins que la force et le savoir-faire de celui qui le tua sont si évidents, qu'ils ne sauraient être que ceux d'un chasseur, et non pas d'un charognard opportuniste et désarmé.

Preuve en est la nature de l'arme, il ne s'agit en effet pas d'un bâton quelconque, mais bien d'un épieu taillé dans une branche d'if – bois choisi par expérience, puisque connu pour sa dureté naturelle. En outre, sa pointe avait été durcie à la flamme. Soit dit en passant, cette observation rappelle le fait que les heidelbergiens et donc les néandertaliens maîtrisaient le feu : dompté il y a quelque 500 000 ans en Europe, le feu l'a été bien avant au Proche-Orient [9]. Le bois de l'arme montrait des traces d'usure, ce qui signifie qu'elle avait déjà dû servir.

Autre démonstration du savoir-faire du chasseur : la lance était cassée en dix morceaux dispersés tout autour de l'éléphant, ce qui indique qu'elle s'était enfoncée profondément (et au bon endroit) et que l'animal s'est débattu pour s'en débarrasser. Bien avant qu'on fasse parler les analyses statistiques d'ossements, la lance de Lehringen montrait déjà sans ambiguïté que Néandertal était chasseur.

Inscrivez-vous à la Société prénéandertalienne de chasse !

Et les prénéandertaliens ? Chassaient-ils comme leurs descendants ? La réponse est oui : comme eux, ils traquaient et tuaient de gros animaux. On en a la preuve depuis les fouilles menées sur un site de plein air daté d'il y a environ 200 000 ans [10] et situé à Biache-Saint-Vaast dans le nord de la France. Un riche assemblage lithique moustérien y a été retrouvé, associé à de très nombreux restes de mammifères et à deux crânes prénéandertaliens. Les prénéandertaliens sont revenus par intervalles réguliers pendant des milliers voire des dizaines de milliers d'années chasser là. Peut-être s'agissait-il d'un coin riche en gibier ? En tout cas, les prénéandertaliens savaient y trouver de nombreux animaux de grandes tailles, et savaient les abattre au moment opportun.

Là aussi, l'assemblage de la faune traduit une sélection des proies. Alors que de nombreuses espèces sont présentes, les bêtes les mieux représentées sont l'auroch (69 %), l'ours (15,8 %) et le rhinocéros de prairie (7,5 %). Cela sur 220 000 restes de faune, dont 20 000 identifiables ! L'étude archéozoologique [11] du site, y compris celle des milliers d'esquilles osseuses qui ont été mises au jour entre 1976 à 1982 lors de la fouille de sauvetage précédant l'agrandissement d'une usine, montre des traces de découpes, de cassures volontaires ainsi que de nombreux os brûlés. Tous ces indices prouvent que cette accumulation d'ossements est due à l'homme et que les animaux ont été chassés et non pas charognés.

À Biache-Saint-Vaast, un détail a frappé les chercheurs qui ont effectué ce travail : la présence de restes d'ours des cavernes au milieu des ossements de grands herbivores. La chose étonne, car ce plantigrade d'environ 1,30 mètre au garrot pouvait mesurer jusqu'à 3,5 mètres de haut debout. Il était donc extrêmement puissant... Pour autant, il était sans doute l'une des seules proies tuées sans danger : les prénéandertaliens devaient sans doute l'occire pendant son hibernation. Observation d'importance : les traces de découpes découvertes sur les ossements d'ours montrent que ces animaux ont été utilisés à la fois pour leur viande mais aussi pour leur fourrure, qui, probablement, servait à confectionner des vêtements et des couvertures.

Les Jeux olympiques préhistoriques

Et nous avons aussi des preuves de chasses encore plus anciennes ! Elles datent des périodes interglaciaires allant de 424 000 à 374 000 et de 337 000 à 300 000 ans [12]. Des armes en bois ont en effet été mises au jour par le préhistorien

Figure 5-2 : à la sortie de l'hiver, les aurochs étaient la proie favorite des prénéandertaliens, qui, il y a quelque 200 000 ans, chassaient en un endroit qui allait devenir Biache-Saint-Vaast dans le Pas-de-Calais.

allemand Hartmut Thieme à Schöningen, en Allemagne, où l'exploitation d'une mine de lignite à ciel ouvert a conduit à la découverte dans les années 1990 de nombreuses traces du passage d'*Homo heildelbergensis* sur la rive enfouie d'un ancien lac.

La manne paléontologique (plus de 16 000 os !) et archéologique que recèle le site est si riche que les fouilleurs ont dit avoir pu y pratiquer une sorte « d'archéologie sous-marine sans eau ». Ils veulent dire par là que, fait rarissime, l'enfouissement rapide de très anciens restes d'activité humaine sous une couche de sédiments lacustres imperméables à l'air a exceptionnellement bien conservé les matériaux organiques. En 1996, huit bâtons affûtés longs de 1,8 à 2,5 mètres pour un diamètre maximal allant de 2,9 à 4,7 centimètres ont été exhumés en association avec des carcasses de chevaux d'espèce *Equus mosbachensis* [13].

La taille de ces bâtons affûtés suggère clairement qu'ils étaient utilisés lors de chasses collectives par des heidelbergiens de différentes tailles et notamment que des adolescents (ou des femmes de stature plus petite que les hommes) y participaient.

Quelle est la fonction de ces pieux ? S'agit-il d'armes de jet, c'est-à-dire de lances, ou d'armes d'estoc, c'est-à-dire d'épieux ? Toutes ces armes ont été soigneusement façonnées à partir de troncs d'épicéa ou de pin. La pointe a été taillée dans la base du tronc, de sorte que les plus grands diamètres et le centre de gravité de l'arme se trouvent dans le tiers avant, comme dans les javelots olympiques modernes. Cette répartition du poids assure que le projectile pique vers la cible, ce qui montre que les fabricants des armes de Schöningen avaient des notions de balistique (ce qui n'exclut pas que les armes aient pu servir d'épieux aussi). Pour rendre les pointes plus meurtrières, les prénéandertaliens les ont durcies au feu.

Ainsi, les prénéandertaliens savaient eux aussi fabriquer des armes performantes en se servant du feu. Les archéologues ont

Figure 5-3 : les clans néandertaliens parcouraient probablement de grands circuits de plusieurs centaines de kilomètres de long pour retrouver les troupeaux ou d'autres ressources dont ils savaient les périodes d'abondance. Lors de ces déplacements, il leur arrivait de croiser d'autres clans, dont ils connaissaient les territoires et avec qui ils échangeaient.

employé des athlètes entraînés au lancer de javelot pour tester l'efficacité des lances. Ils leur ont mis entre les mains des imitations fidèles. Non seulement les sportifs ont pu les manier sans problème, mais ils ont couramment réussi des lancers à 70 mètres. En 2013, lors d'une nouvelle campagne de fouilles, la découverte des restes d'un tigre à dent de sabre a entériné l'idée que les heidelbergiens étaient d'excellents chasseurs (de par leur pratique collective et leur armement) capables d'entrer en compétition avec les grands carnivores et terrasser même ce genre de fauve.

Le site de Schöningen a livré une preuve encore plus impressionnante de l'avancée technique des heidelbergiens, déjà connus pour leur art élaboré de la taille de bifaces. On y a retrouvé, mêlé à des éclats de pierre et d'animaux découpés, un ensemble de pièces en bois (de 17 à 32 centimètres de long) dotées de rainures obliques. Vraisemblablement, les stries servaient à fixer des lames de pierre qui aggravaient les blessures et saignaient les animaux. Ces pièces en bois sont les plus anciens outils composites de l'humanité !

Plus de doute permis

Après les découvertes de Schöningen, l'idée que les prénéandertaliens, puis les néandertaliens auraient pu n'être que des charognards opportunistes a été complètement abandonnée. Du reste, les armes de Schöningen ont remis en lumière un fragment d'épieu en bois long de 38,7 centimètres, large de 3,6 centimètres et vieux de 200 000 à 400 000 ans découverts en 1911 à Clacton-on-Sea en Angleterre. L'étude de cet objet oublié a prouvé qu'il a été façonné dans une branche de bois d'if encore vert. Le bois d'if étant naturellement dur, la pointe, soigneusement polie, n'a pas été durcie au feu. Comme à Schöningen, la « lance de Clacton » était accompagnée de restes de grands mammifères et d'éclats de silex façonnés suivant une technique comparable à celle de l'industrie acheuléenne (à bifaces).

D'autres types d'indices archéologiques que ceux que nous venons prouvent que Néandertal chassait [14] (le fait, par exemple, que certains silex portent des fractures, signe d'un impact violent, ou que certaines pierres taillées arborent des marques de collage (*cf.* encadré « De la colle sur des lances au Proche-Orient » ci-dessous). Ainsi, il est absolument clair que Néandertal chassait, et même qu'il était l'héritier d'une très longue tradition de chasse remontant à ses ancêtres heidelbergiens.

N'oublions pas que cela n'exclut pas que Néandertal charognait aussi. Le cas du mammouth de Changy-sur-Marne, par exemple, suggère qu'à l'occasion les néandertaliens ne négligeaient pas d'exploiter une carcasse : ils étaient chasseurs, certes, mais des chasseurs opportunistes, qui craignaient d'autant moins le goût de la viande faisandée qu'ils devaient en constituer des réserves, par exemple pour passer l'hiver, ou simplement parce que leur mode de vie exigeait d'eux d'énormes dépenses énergétiques. Pour se les procurer, Néandertal a développé des stratégies alimentaires variées qui le rapprochent de son frère sapiens, mais l'en distinguent aussi.

De la colle sur des lances au Proche-Orient

Les néandertaliens du Proche-Orient employaient de la colle pour confectionner leurs armes ! En 1999, sur le site moustérien d'Umm El Tlel en Syrie a été mis au jour une pointe de projectile profondément enfouie dans une vertèbre de cou d'âne sauvage. Or des traces de bitume sont visibles sur les outils retrouvés à Umm El Tlel [15]. Ce bitume, exceptionnellement préservé et dont les préhistoriens ont pu montrer qu'il provenait du Djébel Bicheri au nord-ouest du bassin d'El Kowm en Syrie, a visiblement servi de colle naturelle lors de l'emmanchement des outils.

Figure 6-1 : le partage des produits communs de la chasse jouait sans doute un grand rôle social chez les néandertaliens, qui pour cette raison notamment, pensent les auteurs de ce livre, chassaient surtout de grandes proies.

6

De la viande, de la viande, de la viande et… des dattes

« Le chasseur doit toujours avoir un peu faim,
car la faim avive les sens. »
Luis Sepúlvéda [1].

Le clan a bien travaillé. Femme médecine a prélevé tous les organes et s'est occupée de leur séchage avec Silencieuse. Les hommes ont coupé l'écorce de bouleau ; les enfants ont cueilli des baies et les femmes ont préparé les conserves de viande dans la graisse, qui sont enfin rangées par dizaines dans les sacs à dos. Maintenant, il reste tout ce que l'on ne peut conserver et tout un cuisseau qu'Oncle fort a fait lentement rôtir en l'arrosant de graisse. Le clan est rassemblé ; les hommes d'un côté autour d'Oncle fort et de Fiancé du nord ; les femmes autour de Femme médecine et de Fiancée rousse. Les enfants apportent de grandes feuilles de plante des marais pleines de myrtilles. La viande est chaude et découpée, posée au milieu du cercle ; les os à ronger et à casser aussi ; le bouillon a été cuit à l'aide de pierres brûlantes et fume dans un seau de bouleau…

Oncle fort lève ses deux gourdins à tonnerre… même les enfants se taisent… Un claquement retentit. La fête de la viande peut commencer !

Les néandertaliens étaient des chasseurs. Pas de doute possible. Mais quels genres de chasseurs ? La scène de chasse fossilisée à Lehringen que nous avons racontée au chapitre précédent montre qu'ils n'hésitaient pas à s'approcher d'un animal extrêmement dangereux. L'étude de leurs sites de boucherie, tel celui de Quincieux près de Lyon par exemple, montre une prédilection évidente pour le gros gibier. Certes, on sait la capacité des loups, des hyènes ou encore des lions à abattre en meute des proies bien plus imposantes qu'eux. Mais chez Néandertal, cette capacité est encore plus spectaculaire, puisque entre un néandertalien de 80 kilogrammes [2] et un éléphant à défenses droites pesant 6 à 8 tonnes (ou un mammouth mesurant 4 mètres au garrot) il y a un rapport de 75 à 100… Même les aurochs et les bisons auxquels les néandertaliens s'attaquaient étaient des monstres comparés à eux.

Les néandertaliens semblent avoir été avant tout des chasseurs au gros… Ils tuaient parfois leurs plus grosses proies en dirigeant les troupeaux vers un piège naturel. Comment le sait-on ? Grâce à des fouilles récentes de puits naturels comme les avens de La Borde [3] et de Coudoulous [4] dans le Quercy. Le fond de ces avens, c'est-à-dire de grands trous qui s'ouvrent dans des plateaux calcaires, a révélé les signatures claires d'activités de « chasse à l'abîme » pendant un épisode au climat tempéré [5] : au moins 40 aurochs auraient été précipités dans l'aven de La Borde et plus de 200 bisons dans celui de Coudoulous.

Drôle de retour en arrière : finalement, Adrien Arcelin avait raison en imaginant ce type de chasse dans son roman ! Une fois la chute des bovins provoquée, les chasseurs sont descendus dans ces avens dépecer tranquillement les carcasses avec leurs outils. On a retrouvé sur place de nombreuses pierres taillées.

Corrida néandertalienne

Comment les néandertaliens rabattaient-ils le troupeau vers le piège ? Nul doute que cette tâche devait être collective et se déroulait lors de chasses saisonnières, organisées pour accumuler des réserves. Il est facile d'imaginer une sorte de course camarguaise, pendant laquelle le clan entier multipliait à distance cris et sons effrayants, tandis que les chasseurs aiguillonnaient les animaux avec leurs lances jusqu'à ce qu'ils se précipitent, dans une fuite grégaire et aveugle, vers l'aven. *Stricto sensu*, nous ignorons si pareille forme de corrida néandertalienne a existé. Mais il paraît clair que ces fins observateurs animaliers qu'étaient les chasseurs paléolithiques savaient approcher le troupeau sans se mettre en danger, alors pourquoi pas ?

Le site de Biache-Saint-Vaast, dont nous parlions au chapitre précédent, illustre de façon frappante la tendance des prénéandertaliens à chasser le gros gibier. Là, pratiquement tous les ossements d'ours bruns et d'aurochs retrouvés attestent que des adultes, donc des individus dangereux, ont été tués ; ces animaux ont tous été abattus à proximité du site, où ils ont été ensuite exploités par le clan pour leur chair, leur peau, leurs viscères et leurs os.

Et en l'absence de puits naturel ? Les sites allemands de Schöningen et de Lehringen évoqués précédemment montrent que dans ce cas les heidelbergiens et les néandertaliens pratiquaient la chasse à l'épieu. Pour mener ce type de chasse rapprochée particulièrement dangereuse, les chasseurs néandertaliens disposaient d'armes de jet, des pointes de pierre emmanchées sur une hampe de lance, la lance était éventuellement armée de lames de pierre destinées à augmenter le saignement (*cf.* chapitre 5).

Pour limiter les risques, les chasseurs ne devaient tenter de mise à mort qu'une fois certains d'en avoir la possibilité. Il est clair que le moment opportun ne se présentait que lorsque l'action coordonnée de tout un groupe avait assez affaibli l'animal, l'avait acculé ou piégé, bref avait créé les conditions pour qu'un chasseur expert s'avance et tue la bête sans trop devoir craindre ses réactions. Cela nous indique que même si l'effectif du clan néandertalien était réduit, il était cependant suffisant pour que les chasseurs et leurs assistants (les adolescents et les femmes ?) puissent mettre en œuvre ces tactiques. Il est probable que lors de ces grandes chasses tous les valides du clan participaient, c'est-à-dire de dix à quinze personnes. Seules les personnes trop âgées et/ou vulnérables aux yeux de tous – les enfants et les femmes enceintes par exemple – restaient au campement ou à distance (d'où ils pouvaient cependant aider en faisant du bruit, par exemple).

Les grands blessés néandertaliens

Évidemment, la chasse au gros n'était pas sans danger. Nous connaissons trois fossiles néandertaliens presque complets portant de fortes lésions traumatiques, toutes probablement causées par de graves accidents, probablement de chasse. Le premier est tout simplement le fossile éponyme de l'espèce, trouvé en 1856 dans une grotte dans la vallée de la Néander. Pendant toute sa vie d'adulte, cet individu a souffert des conséquences d'une blessure contractée sans doute pendant son adolescence : une fracture du coude dont la cicatrisation spontanée l'empêcha sa vie durant de déplier complètement son bras gauche (pour compenser l'agilité et la force perdue, son bras droit se développa de façon exceptionnelle). Ce traumatisme majeur ne l'a pas empêché de vivre jusqu'à environ 50 ans.

Le deuxième fossile est celui du « vieillard » de La Chapelle-aux-Saints. On le qualifie ainsi parce que cet individu qui fut inhumé dans une fosse il y a environ 50 000 ans donna d'abord l'impression aux paléontologues d'être décédé à un âge canonique (il n'avait presque plus de dents, voir p. II du cahier central). On sait aujourd'hui qu'en fait, il avait au moment de sa mort environ 45 ans et qu'il était en très mauvaise santé. À lui tout seul, ce « vieillard » aurait occupé tout un service de neurologie et d'orthopédie : il souffrait d'un grand nombre de pathologies dégénératives, mais surtout d'une côte cassée (cicatrisée) et d'un traumatisme à la hanche ayant dégénéré au point d'empêcher probablement les mouvements de la cuisse.

Aussi graves que soient ces traumatismes, il s'agit d'égratignures en comparaison de celles subies par un néandertalien, lui aussi âgé de 40 à 50 ans, dont les restes ont été découverts dans la grotte de Shanidar située au nord-est de l'Irak [6]. Cet individu mâle collectionnait les pathologies comme d'autres les timbres : il était très sourd (ce qu'indiquent les nombreuses excroissances osseuses dans ses oreilles) et portait les stigmates d'une maladie dégénérative (de type arthrosique) de ses vertèbres inférieures, affectant le fonctionnement de ses genoux, ses chevilles et son gros orteil… Bref, il ne pouvait sans doute pas marcher. Et ce n'est pas fini : il avait aussi une orbite fracturée et écrasée, de sorte qu'il était probablement borgne, et avait perdu son avant-bras droit et la main probablement en raison d'une fracture non ressoudée visible au-dessus du coude droit (a-t-il été l'objet d'une amputation médicale ? on l'ignore). La partie conservée du côté droit du bras montre au moins une autre fracture qui a affecté la taille de l'omoplate et la clavicule. Au final, cet individu sourd et partiellement aveugle, marchant mal et n'ayant qu'un seul bras valide, a pourtant dépassé les 40 ans… Clairement, ce « monsieur pas-de-chance » préhistorique n'a pu survivre qu'avec l'aide de son clan. Cela en dit long sur la solidarité régnant au sein d'un clan néandertalien…

Les mêmes traumas que les professionnels du rodéo

Sauf à évoquer la guerre ou le cas de conflits extrêmement violents au sein du clan ou entre clans, des traumatismes subis pendant des activités de chasse semblent l'explication la plus plausible pour expliquer les fractures observées sur ces trois fossiles. Plausible, mais pas prouvée… Que peut-on dire qui irait à l'appui de cette thèse ? Est-ce que l'étude statistique d'un corpus fossile peut nous aider ?

L'étude des traumatismes retrouvés sur les os de squelettes de néandertaliens montre que la plupart des lésions observées concernent la région de la tête et des bras, tandis que les lésions aux membres inférieurs semblent plus rares. De telles atteintes à la tête et aux bras (notamment au coude) se produisent typiquement pendant des chutes incontrôlées. On a alors le réflexe de mettre ses bras en avant pour atténuer ou arrêter la chute.

En fait, la répartition des lésions est très proche de celles observées parmi les professionnels américains du rodéo [7] et des sapiens qui ont investi l'Europe entre 35 000 et 10 000 ans (mais pas des sapiens récents de l'époque de la domestication des plantes et des animaux, ce qui va dans le bon sens). Ainsi, les blessures néandertaliennes pourraient fort bien avoir été causées par des interactions violentes avec de grands ongulés (éléphants, bisons, cerfs, auroch, chevaux, rhinocéros). Une constatation qui n'est pas sans faire penser à la scène du Puits de la grotte de Lascaux, qui représente un chasseur couché sur le dos, inconscient semble-t-il, et que menace de ses cornes un bison criblé de traits (d'épieux ?) et dont les entrailles pendent sous le ventre ! On repense à nouveau à la corrida et aux chocs violents que subissent les toréadors qu'un coup de cornes envoie valdinguer dans les airs.

Une question naïve se pose : pourquoi les néandertaliens se mesuraient-ils à des adversaires si redoutables ? Ne pouvaient-ils pas se contenter de gibiers plus petits, comme les lièvres, ou moins dangereux, comme les cerfs ? La première explication qui se présente à l'esprit est qu'ils répondaient aux gros besoins caloriques de leur métabolisme. Le mode de vie des chasseurs réclamait une endurance à toute épreuve et une grande résistance au froid lors des périodes glaciaires. Tout cela a un coût énergétique. Les aurochs, les éléphants, mais aussi les rhinocéros ou encore les bisons sont des animaux gras. Les néandertaliens les auraient-ils prisés pour cette raison ? L'économie de subsistance néandertalienne aurait-elle été orientée vers la chasse au gros afin de fournir les ressources métaboliques énormes nécessaires aux membres du clan ?

N'invitez jamais Néandertal au restaurant !

Depuis longtemps, les paléoanthropologues n'ont aucun doute sur le fait que la réponse est affirmative [8]. Encore a-t-il fallu étayer cette thèse d'un énorme besoin énergétique des néandertaliens. Pour cela, on s'est efforcé de calculer leur métabolisme basal (c'est-à-dire la partie du métabolisme produisant l'énergie minimale indispensable à la survie), ce qui *a priori* n'est pas une mince affaire s'agissant d'une espèce éteinte. Ce calcul revient à évaluer la dépense énergétique quotidienne minimale d'un néandertalien, celle qui lui permet simplement de respirer, de faire fonctionner sa pompe cardiaque, de digérer et bien sûr de maintenir sa température corporelle à 37 °C (si toutefois c'était la température corporelle des néandertaliens…), bref tout simplement de vivre !

Chez nous autres sapiens, le besoin énergétique de base est en moyenne de 1 320 kilocalories pour une femme de 20 ans mesurant 1,65 mètre et pesant 60 kilogrammes et de 1 510 kilocalories chez un homme de 20 ans mesurant

1,80 mètre et pesant 70 kilogrammes. Ce besoin varie en fonction de la taille, du poids, de l'âge et de l'activité du système immunitaire (les malades dépensent plus), et de la température extérieure (marginalement si on vit dans des conditions tempérées).

Quel était le métabolisme de base de notre frère Néandertal ? Une réponse a été fournie dans un article pionnier en 2001 par Mark Sorensen et William Leonard de l'université du Nord-Ouest en Illinois [9]. Ces chercheurs ont repris l'équation simplifiée (dans laquelle la taille n'intervient pas) proposée par l'Organisation mondiale de la santé et développée à partir d'un échantillon important de jeunes adultes âgés de 18 à 29 ans. Cette formule du métabolisme basal – notons-le MB – donne le nombre de kilocalories nécessaires par jour. Elle se décline en deux versions, l'une pour les femmes, l'autre pour les hommes :

MBfemme = 14,7 × Poids en kilogrammes + 496.
MBHomme = 15,3 × Poids en kilogrammes + 679.

Pour appliquer ces équations aux néandertaliens, il a fallu d'abord estimer leur poids moyen, puis tenir compte de leur mode de vie spécifique. Les néandertaliens n'étaient pas des sédentaires qui se vautraient devant leur télévision ou leur ordinateur sitôt rentrés du travail comme la plupart d'entre nous ! Le poids néandertalien a été calculé à partir du petit échantillon de seulement 12 squelettes complets retrouvés. Le poids d'une femme néandertalienne a été estimé à 55 kilogrammes et celui d'un homme à 65 kilogrammes.

Sorensen et Leonard s'intéressant au cas des néandertaliens des âges glaciaires, ils ont augmenté les résultats de 10 % pour tenir compte du froid qu'ils affrontaient. Pour tenir compte de la vie extrêmement active de Néandertal, ils ont multiplié le chiffre obtenu par un certain facteur. Or, chez les grands sportifs (de notre espèce), on considère que le besoin calorique quotidien est entre 1,8 à 2 fois supérieur à celui d'une personne normale.

Mais ce facteur était-il le même chez notre frère néandertalien ? Pour en être sûrs, Sorensen et Leonard ont étudié les besoins énergétiques de huit populations de chasseurs-cueilleurs, d'où il est ressorti que ces besoins sont parfois encore supérieurs à ceux des grands sportifs. Au final, ils ont déduit qu'il fallait multiplier par deux dans le cas de néandertaliens modérément actifs et par trois dans le cas de néandertaliens très actifs.

Cette cuisine mathématique achevée, ils sont parvenus à une surprenante conclusion : les néandertaliens restant sagement au campement brûlaient 4 422 kilocalories par jour, tandis que ceux qui se dépensaient comme des fous à la chasse avaient besoin de 6 633 calories par jour. Ce sont là des chiffres énormes ! Pensez donc : sous peine d'avoir un petit creux, un néandertalien actif devait avaler l'équivalent calorique de 22 steaks de 200 grammes (représentant à peu près 300 kilocalories chacun). Chaque jour !

Une accumulation de facteurs aggravants

Cette estimation était si choquante que d'autres chercheurs ont voulu vérifier si elle était compatible avec ce que l'on sait de la physiologie particulière des populations actuelles vivant dans des milieux extrêmes, notamment à haute altitude [10]. Ce type de populations est en effet caractérisé par un métabolisme basal très élevé par rapport aux populations vivant à basse altitude, et montre une très grande adaptation aux températures extrêmes.

Il en a découlé que suivant le mode de vie, quatre facteurs nuancent la dépense énergétique quotidienne : 1/ le fait de posséder une importante masse corporelle et musculaire, 2/ d'être exposé aux basses températures, 3/de suivre un régime alimentaire très carné, et finalement 4/d'avoir d'intenses activités physiques.

Or tous ces facteurs se retrouvent chez les néandertaliens ! C'est pourquoi plutôt que modérer les résultats obtenus par Sorensen et Leonard, les chercheurs les ont majorés : ils ont estimé qu'une néandertalienne avait besoin de 3 000 à 5 000 kilocalories par jour, tandis qu'un néandertalien avait besoin de 4 000 à 7 000 kilocalories par jour. Ces valeurs dépassent largement celles que l'on observe par exemple chez les Aymara, une population agropastorale des hauts plateaux andins, dont le mode de vie traditionnel suppose une très forte activité physique dans un froid intense. Elles rejoignent en revanche celles qui sont recommandées pour les marathoniens ou pour les travailleurs de force. Mais n'oublions pas que Néandertal brûlait cela quotidiennement !

Des hypercarnivores

Comment les néandertaliens pouvaient-ils se procurer autant de calories ? On sait qu'ils chassaient, mais comment sait-on qu'ils tiraient de la chasse la plus grande partie de leurs calories ? Par l'application à la préhistoire de méthodes biogéochimiques. En effet, l'étude de la façon dont certains éléments chimiques (azote, carbone…) migrent le long de la chaîne alimentaire démontre que les néandertaliens avalaient une nourriture constituée pour plus de la moitié de viande. Les lois du transfert des éléments chimiques entre l'environnement et les organismes du réseau trophique (l'ensemble des chaînes alimentaires) ont été mis en évidence dans les années 1960. Il s'agissait à l'époque d'étudier les traces de plomb, d'aluminium et d'autres métaux lourds dans les os. Après les années 1960, les écologues ont appliqué ces principes à leur

Figure 6-2 : les néandertaliens préféraient tellement les grosses proies, qu'ils chassaient aussi les mammouths, des animaux extrêmement dangereux, sauf quand ils se piégeaient eux-mêmes dans la boue d'un marais.

science. Devant le grand intérêt des résultats obtenus, des chercheurs ont aussi appliqué ces méthodes aux ossements préhistoriques. Dans le cas des néandertaliens, nombre de raffinements techniques ont été introduits afin d'évaluer finement leur régime alimentaire [11]. Le raisonnement est simple : plus on monte le long de la chaîne alimentaire, plus certains radioisotopes (c'est-à-dire des atomes radioactifs de masses particulières, par exemple le carbone de masse atomique 13 ou l'azote de masse atomique 15) s'accumulent dans la chair, les dents et les os des prédateurs. Autrement dit, mesurez le taux de ces radioisotopes dans les os d'un super-prédateur (qui est situé au sommet de chaîne) comme Néandertal et vous saurez s'il préférait se nourrir de côtelettes de mammouth ou de rhinocéros plutôt que de pissenlit des steppes.

Une douzaine de néandertaliens de périodes interglaciaire et glaciaire [12] provenant de Belgique, de France et de Croatie, ont ainsi été passés à la loupe isotopique. Résultat : les valeurs élevées de l'azote 15 mesurées sur des os des néandertaliens sont comparables à celles relevées chez les loups ou les hyènes ! Elles sont plus de deux fois supérieures à celles des grands herbivores… La conclusion est sans appel : au moins à partir d'il y a 120 000 ans, les néandertaliens de toute l'Europe ont eu sensiblement la même diète carnivore, et ils tiraient l'essentiel de leurs protéines de grands herbivores.

Dans la nature, les loups et les hyènes s'attaquent à du gros gibier afin de se procurer les énormes quantités d'énergie dont la meute a besoin. Les clans néandertaliens avaient-ils un comportement comparable ? Les néandertaliens n'étaient-ils qu'une horde de chasseurs hautement spécialisés écumant les steppes et se nourrissant exclusivement de grosses proies ? Il y a sans doute une partie d'exagération dans cette vision répandue chez les préhistoriens, tant la diète hyper-énergétique qu'on prête aux néandertaliens semble extrême. Pour des sédentaires comme la plupart d'entre nous, elle serait impossible, car elle nous ferait mourir d'obésité…

Même pour des néandertaliens hyperactifs, 6 000 calories par jour semblent beaucoup trop. Cette exagération probable a sans doute une cause simple : l'examen attentif des travaux menés sur les besoins caloriques néandertaliens révèle en effet qu'ils ont tous été faits en prenant en compte le métabolisme basal d'individus… nus et sans l'apport de la chaleur des feux. Or, peut-on sérieusement croire que des gens capables de traverser les hivers en période glaciaire vivaient nus ?

Collection automne-hiver

Même si nous n'en avons aucune certitude faute de traces archéologiques, il est clair que les néandertaliens se confectionnaient des vêtements et des chaussures, employant pour cela les peaux des animaux chassés (notamment pour obtenir des fourrures chaudes, celles d'ours et de loups) et de l'écorce, notamment celle du bouleau qui a l'intérêt de venir sous la forme de films souples, résistants et imperméables. De même, il ne fait pas l'ombre d'un doute qu'ils savaient traiter ces peaux (rappelez-vous qu'on associe l'usure excessive de leurs dents au mâchage des peaux) et les assembler.

Il est aussi possible que tels les Aymanas de la Terre de Feu, qui surprirent tant les premiers Européens de passage, ils ne portaient pour seule protection contre le froid intense qu'un pagne et une peau couvrant une partie du dos ? Dans ce cas-là, on imagine que, comme les Aymanas, ils dominaient le froid en s'enduisant d'une épaisse couche de graisse animale… Étaient-ils plutôt privilégiés par des gènes d'adaptation au froid qui auraient modifié leur circulation sanguine superficielle et favorisé le stockage des graisses ? (*cf.* chapitre 4) Il est possible aussi que toutes ces façons d'affronter le froid coexistaient. La lignée des néandertaliens a évolué pendant 450 000 ans, sous des climats souvent froids, ou tempérés, de sorte que, même si tout indique que leur prédilection pour les grandes proies est une constante, leur style de prédation et de cueillette a nécessairement varié en fonction des époques et des climats.

Velouté de tortue et grenouilles rôties

D'autres indices nous laissent penser que les besoins énergétiques des néandertaliens ont été sans doute surestimés. Les preuves d'une consommation d'autres aliments (que la viande venant de grandes proies) se sont lentement accumulées au cours des dix dernières années et l'on sait désormais qu'à l'occasion les néandertaliens consommaient de petits animaux, notamment des tortues, des poissons et des mollusques terrestres et marins.

Alors les néandertaliens étaient-ils des chasseurs à part bien distincts de leurs frères sapiens ou au contraire, comme eux, des chasseurs-cueilleurs opportunistes ? Il est plus vraisemblable de penser que la société néandertalienne avait une économie de subsistance diversifiée. Nombre de situations ont dû se produire pendant lesquelles dans le clan craignant la famine, on a intensément recherché les moyens de diversifier sa nourriture.

À l'instar de la plupart des chasseurs-cueilleurs, il est ainsi fort probable que les néandertaliens complétaient volontiers leurs apports alimentaires par la consommation d'insectes, d'œufs, de miel et pendant les périodes tempérées d'escargots, de tortues, de grenouilles [13]. Du reste, cette diversité dans l'approvisionnement alimentaire se lit sur la carte : les restes fauniques retrouvés sur les sites suggèrent que les néandertaliens qui vivaient dans le nord de l'Europe étaient plus carnivores que ceux qui vivaient dans la zone méditerranéenne.

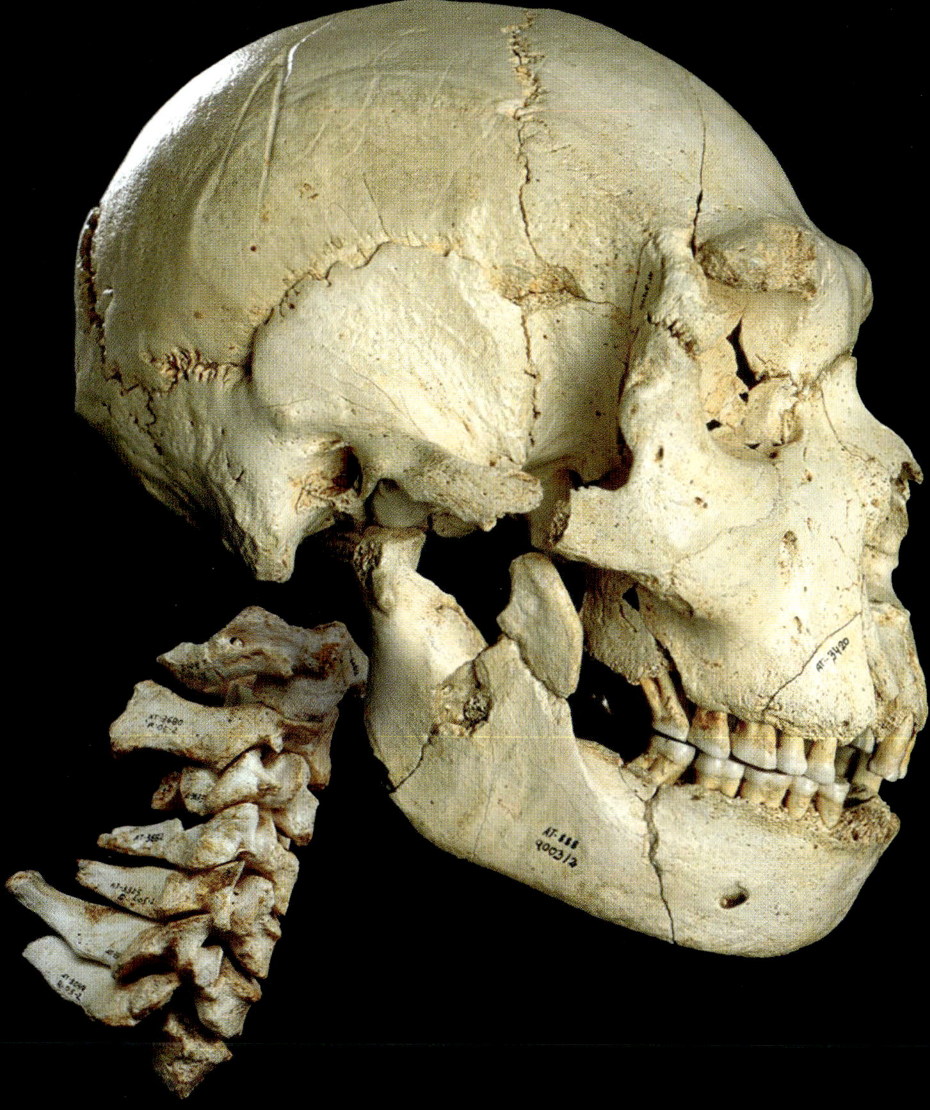

Cet heidelbergien (*Homo heidelbergensis*) a été découvert dans le gouffre aux ossements (Sima de los Huesos) à Atapuerca dans le nord de l'Espagne, un site qui a livré 80 % des fossiles humains européens de 400 000 ans et plus. Fait exceptionnel, dans les conditions régnant sur les sites d'Atapuerca, l'ADN humain s'est conservé pendant des centaines de milliers d'années, de sorte qu'il a pu être séquencé.

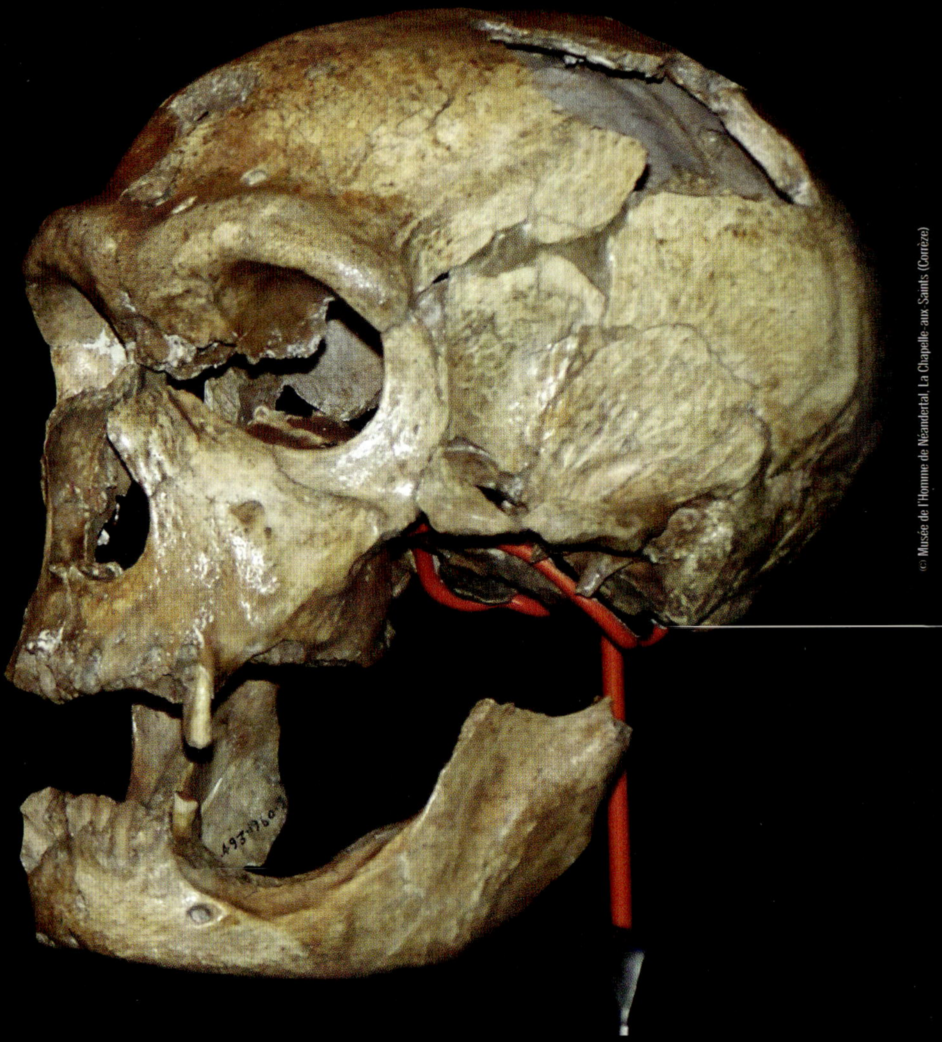

L'homme de La Chapelle-aux-Saints (Corrèze) est le premier néandertalien jamais découvert en France. Son fossile est aujourd'hui conservé au Musée de l'Homme, à Paris.

Cette vieille photographie révèle de quelle façon le crâne de l'homme de La Chapelle-aux-Saints est apparu à son découvreur, le chanoine Jean Bouyssonie, en 1908. C'est avec l'aide de ses deux frères Amédée et Paul, eux aussi amateurs de préhistoire, que Jean Bouysonnie dégagea le squelette du premier néandertalien de France.

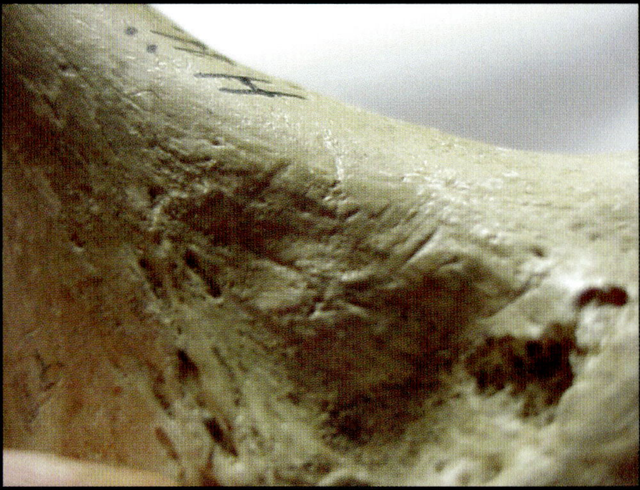

Ces traces d'incisions, laissées par un outil tranchant, résultent des efforts faits par un néandertalien pour décharner l'omoplate (en haut) et le coude (en bas) de l'un de ses congénères. Les os en question ont été découverts dans le site de la Krapina en Croatie. Nous ignorons à ce jour si le cannibalisme néandertalien était alimentaire ou s'il avait un sens symbolique.

Cliché : J.-P. Eschmann © Musée de Solutré

Le biface – ci-dessus un exemplaire incomplet trouvé à Romanèche-Thorins en Saône-et-Loire – est une pierre taillée en forme de larme. Il s'agissait de l'instrument à tout faire des Paléolithiques anciens, leur « couteau suisse » en quelque sorte ! Ils les façonnaient en détachant des éclats sur les deux faces d'un bloc de matière première. Ceux des néandertaliens sont particulièrement aboutis. À cause de sa grande symétrie bilatérale et bifaciale, on considère que le biface est la première manifestation archéologique du sens humain de l'esthétique.

Cliché : M. Jeandeau © Musée de Solutré

Cliché : M. Jeandeau © Musée de Solutré/A. Lamotte

Le façonnage des outils de pierre néandertaliens était compliqué et subtil, comme le savent bien les préhistoriens qui ont essayé de le reproduire. Curieusement, l'ensemble de ses techniques – ce que les préhistoriens nomment l'industrie moustérienne – s'est maintenu presque à l'identique pendant 300 000 ans.

Pour produire des couteaux et des outils coupants sur éclat, les néandertaliens employaient la méthode dite de Levallois – c'est dans cette proche banlieue de Paris qu'elle a été identifiée. À gauche, un racloir produit par la méthode Levallois provenant de Solutré en Saône-et-Loire : il a probablement servi à travailler les surfaces, par exemple celle des peaux. À droite, un couteau moustérien provenant de Frettes en Haute-Saône.

(c) Israel Hershkowitz, Sackler Medical School, University of Tel Aviv

Au Levant aussi, il y avait des néandertaliens ! En haut, le fossile néandertalien Amud 1 est montré de face et de côté : il appartient à un homme âgé d'environ 25 ans, découvert avec d'autres fossiles d'adultes et d'enfants lors de fouilles effectuées entre 1961 et 1964 par une équipe israélo-nippone au nord-ouest du lac de Galilée, en Israël. Des sapiens archaïques ont aussi vécu au Levant avant le passage de néandertaliens à Amud. En bas, le fossile féminin Qafzeh 9, mis au jour dans la grotte de Qafzeh proche de Nazareth, est vieux d'environ 92 000 ans. Qafzeh 9 est l'un des plus anciens fossiles d'*Homo sapiens* connus en dehors de l'Afrique. La très bonne conservation de ces deux fossiles, l'un néandertalien et l'autre sapiens, s'explique par le fait qu'ils ont été inhumés.

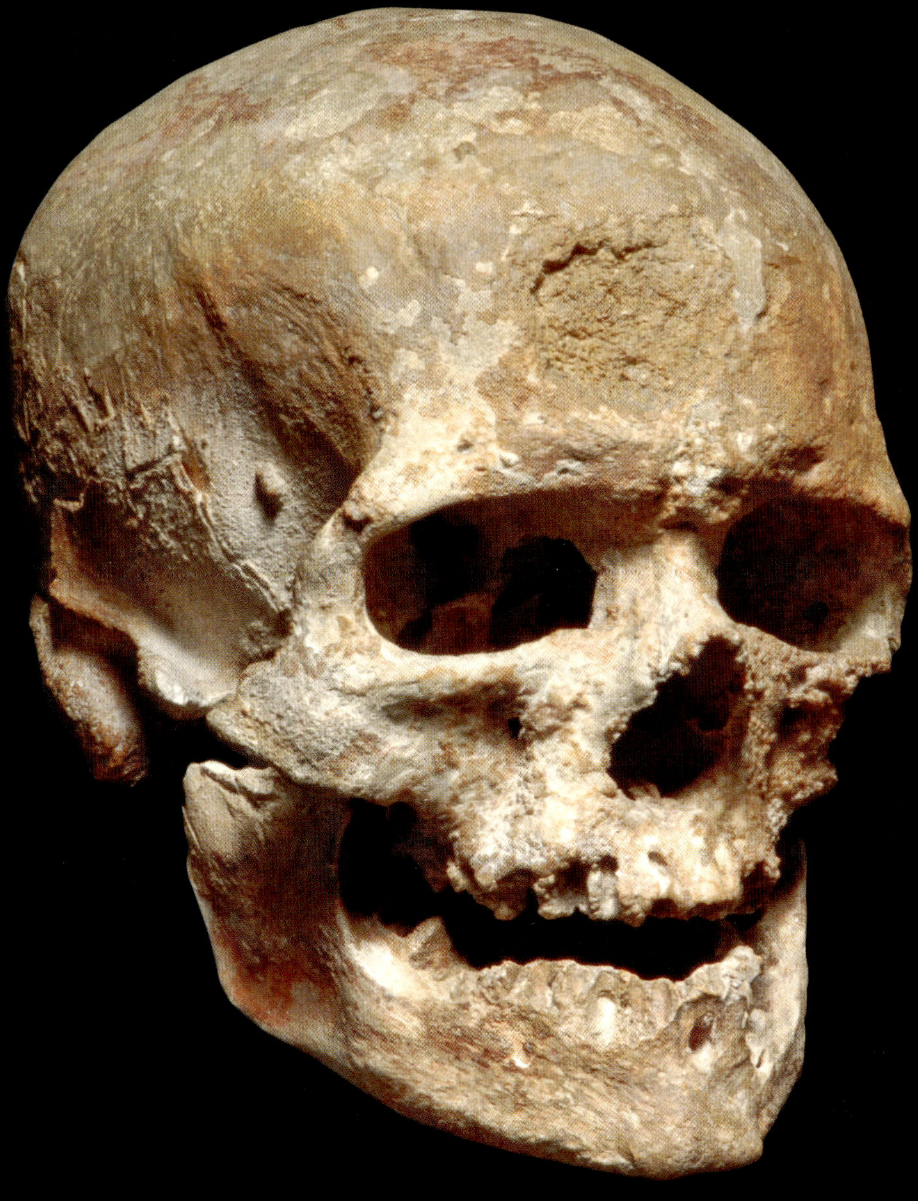

Cliché Daniel Ponsard © MNHN

Le fossile de l'Homme de Cro-Magnon fut découvert lors de la construction d'une route en 1868. Il s'agit d'un *Homo sapiens*, dont on sait aujourd'hui qu'il est mort il y a quelque 28 000 ans et qu'il appartenait à la culture dite gravettienne. Il ne s'agit donc pas de l'un des premiers hommes modernes sur le sol européen, puisque les pionniers sapiens sont entrés en Europe il y a 43 000 ans environ.

Nous savons aussi que les néandertaliens ne dédaignaient pas les fruits de mer. Des preuves de cette habitude alimentaire sont venues des fouilles de la grotte de Bajondillo, près de Málaga, où tout un assemblage de coquillages consommés par des pêcheurs néandertaliens fut mis au jour [14].

En revanche, il semble que les prénéandertaliens et néandertaliens n'ont qu'occasionnellement pêché des poissons. Les seules preuves de cette prédation [15] proviennent du site de Payre en Ardèche étudié par Silvana. Des néandertaliens d'une grotte située en bord de lac à Banyoles en Catalogne [16] ont pratiqué la même pêche. Les vestiges que l'on y a retrouvés suggèrent qu'ils mangeaient quotidiennement des poissons séchés avec leur peau. Par ailleurs, les découvertes faites dans les grottes de Vanguard et de Gorham à Gibraltar montrent que lorsque des dauphins ou des phoques s'échouaient sur la plage, les néandertaliens les consommaient aussi [17]. Tous ces éléments confirment, si besoin en est, que Néandertal était un prédateur opportuniste.

Le pissenlit des steppes, ce n'est pas si mauvais finalement

Pour l'instant, nous avons décrit nos frères européens comme de purs carnivores, mais avons-nous seulement la preuve que Néandertal ne préparait pas de temps en temps une petite salade de pissenlits aux pignons ou d'ail des ours (la plante, pas l'habitant des cavernes) aux myrtilles (en l'absence de vestige de livre de cuisine néandertalienne, on peut tout imaginer) ? Le grand anthropologue Alain Testart [18] fut le premier à souligner que dans le cas des chasseurs-cueilleurs actuels, l'apport de la cueillette de plantes à la subsistance d'un clan n'est jamais négligeable, et qu'il a sans doute été de même chez les populations préhistoriques.

Pour parvenir à cette conclusion, Testart a compilé les données produites par les nombreuses campagnes d'observation ethnographique de peuples sapiens vivant de prédation, tels les Inuits de la côte pacifique américaine, les Sans du Botswana ou encore les aborigènes d'Australie. Il a mis en évidence que la part de la cueillette à la subsistance fournit le cas échéant plus de 60 % des besoins d'énergie du clan et ne descend en tout cas jamais sous 20 %. Cette limite inférieure correspond au cas des Inuits, une population qui vit pourtant dans un environnement enneigé la plupart du temps.

Au passage, notons que dans toutes les cultures de chasseurs-cueilleurs sapiens, la cueillette est une activité principalement féminine qui se pratique avec les enfants. C'est pourquoi la contribution des femmes à la subsistance d'un groupe de chasseurs-cueilleurs est presque toujours indispensable, voire souvent dominante. Mais ces conclusions s'appliquent-elles aux groupes de chasseurs-cueilleurs néandertaliens ? Plusieurs faits peuvent le laisser penser. D'une part, les néandertaliens ont aussi vécu sous des climats tempérés, dont les biotopes devaient être plus riches en ressources diverses que les steppes périarctiques. D'autre part, on a trouvé des restes de plantes dans des habitats néandertaliens proche-orientaux, par exemple dans les grottes Amud et de Kébara. Ces restes de plantes diverses et de noix (pistachiers) suggèrent une consommation végétale [19]. Toutefois, longtemps, aucun indice comparable n'a été trouvé dans les habitats européens, où cela pourtant aurait été tout aussi envisageable puisque les immenses steppes subarctiques des périodes glaciaires ou les forêts tempérées des interglaciaires regorgeaient de baies…

En fait, ces preuves ténues n'ont pas suffi à convaincre les paléontologues. Et, au final, vu leur impressionnant besoin calorique, on a longtemps pensé que les néandertaliens n'étaient que carnivores. C'est devenu une vérité, dont le caractère douteux aurait pourtant dû être perçu, tant les régimes hyperprotéiques sont physiologiquement dangereux.

Des plantes, des racines et des fleurs

Cette vision a failli changer au cours des deux dernières décennies, quand on s'est mis à étudier la surface des dents néandertaliennes au microscope. Des expériences avaient en effet montré que la viande ou les végétaux laissent des traces différentes sur les dents : tandis que la consommation de viande s'accompagne de stries verticales et longues, celle de végétaux produit des stries horizontales [20]. L'application de cette approche aux néandertaliens semblait si prometteuse (et les idées du régime hypercarnivore si ancrées), mais elle s'est retourné contre elle-même après que les chercheurs se sont perdus dans des arguties : les stries étaient-elles l'enregistrement de toute une vie ? Correspondaient-elles à l'alimentation des dernières années d'un individu ? La querelle a abouti à faire dominer le doute : finalement, aucune preuve indiscutable n'a pu être retenue.

Peu de temps après, dans la grotte de Payre en Ardèche, on découvrit la présence d'amidon sur des outils prénéandertaliens [21]. L'amidon est une substance végétale hautement nourricière. Elle est contenue dans le blé et nous donne la farine. Les occupants de la grotte de Payre ramassaient et consommaient vraisemblablement des plantes pour se nourrir. Malheureusement, une fois de plus, l'indice obtenu a été considéré comme trop ténu pour emporter la pleine adhésion de la communauté préhistorienne.

Finalement, la preuve indiscutable de la consommation de végétaux par les néandertaliens n'est venue que récemment de l'étude des résidus enfermés dans le tartre dentaire. Cette matière est produite par la plaque dentaire, un biofilm bactérien invisible situé à la surface de l'émail des dents, plus particulièrement à la base de leur face intérieure (notamment sur les incisives et canines). Petit à petit, des cristaux de phosphate de calcium s'y forment et constituent le tartre dentaire.

Pour retirer ce film bactérien, nous allons chez le dentiste faire détartrer nos dents, mais nos prédécesseurs préhistoriques ne le pouvaient et se retrouvaient donc avec une dentition couverte de tartre. Or, au cours de sa formation, le tartre dentaire enferme des bactéries minéralisées, des cellules diverses et de microscopiques résidus alimentaires. Depuis quelques années, les paléo-anthropologues, paléo-virologues et paléo-bactériologistes se sont mis à exploiter cette mine d'information.

On trouve en effet dans le tartre des phytolithes (étymologiquement pierres de plantes). Ces cellules ou fragments de cellules végétales se fossilisent lors de la précipitation du biominéral formant le tartre. Les dépôts sur les dents des néandertaliens nous renseignent donc directement sur les plantes qu'ils ingéraient et apprennent en sus s'ils les consommaient cuites ou crues ! C'est en 2011 que des travaux ont été effectués sur le tartre des dents néandertaliennes de Spy 1 et Spy 2 et sur celles de Shanidar 3 [22]. Dans le cas du fossile irakien de Shanidar 3, les chercheurs ont été particulièrement fascinés de retrouver toute une série de grains d'amidons, dont ils ont pu identifier certains comme provenant du genre des blés *(Triticum)* et du genre des orges *(Hordeum)*.

Quand on pense que le Proche-Orient sera, bien plus tard, au Néolithique (10 000 à 6 000 ans avant le présent), l'un des centres de la domestication des graminées, on se dit que les néandertaliens proche-orientaux étaient poussés par le biotope local dans la voie de l'appropriation des céréales, comme ce sera le cas de leurs successeurs sapiens…

Tout aussi fascinante est la constatation du fait que 42 % des aliments végétaux consommés par les néandertaliens ont subi des modifications chimiques similaires à celles qu'une cuisson aurait produites. Or, les heidelbergiens maîtrisaient déjà le feu il y a quelque 500 000 ans. Une étude récente [23] a montré que les néandertaliens savaient allumer leurs foyers avec une extrême facilité (grâce à l'ajout de poudre de dioxyde de manganèse à du petit bois). Outre la chaleur, le feu apportait donc aux néandertaliens un moyen de cuisson. L'examen approfondi des restes d'os retrouvés dans leurs nombreux foyers nous a déjà appris que les néandertaliens grillaient la viande ; celui de la patine et du polissage de certains d'entre eux qu'ils cuisaient parfois des bouillons gras. Aujourd'hui, nous savons aussi avec certitude que la cuisine néandertalienne comprenait aussi des bouillons de céréales sauvages [24].

Des phytolithes de palmiers-dattiers ont aussi été retrouvés dans le tartre dentaire du fossile Shanidar 3. Étant donné que ce fruit saisonnier se conserve très bien et que le site de Shanidar est en montagne (dans le Kurdistan irakien), loin des zones où peuvent croître les palmiers-dattiers, il est logique de penser que la population à laquelle appartenaient ces néandertaliens d'Irak pratiquait la collecte saisonnière des dattes, qu'elle stockait sans doute pour les manger plus tard. À moins que les individus portant des phytolithes de dattes dans les dents n'aient effectué un long trajet avant de venir mourir dans la grotte, qui sait ?

Comment savoir, tant les constatations faites à Shanidar diffèrent de celles que l'on fait en Europe, où l'on ne trouvait pas tant de graminées et aucune datte. Le tartre des dents des fossiles belges Spy 1 et Spy 2 a livré plutôt des résidus de plantes aquatiques, que les chercheurs ont interprétés comme des nénuphars. En 2012, une autre étude réalisée sur une série de dents de néandertaliens tardifs espagnols trouvées sur le site de El Sidron, en Espagne [25] a confirmé la consommation de céréales. Neuf des dix dents analysées contenaient de minuscules grains d'amidon, provenant probablement, comme au Proche-Orient, de céréales. De plus, le tartre contenait des phytolithes de plantes connues pour leurs vertus médicinales. Ainsi, les néandertaliens mangeaient des plantes et connaissaient leurs propriétés curatives.

Des chasseurs-cueilleurs communs ou extraordinaires ?

Résumons-nous. Les néandertaliens furent-ils, comme leurs frères sapiens, des chasseurs-cueilleurs, dont au moins un cinquième des apports alimentaires était végétal ? Oui, puisque nous avons la preuve qu'ils consommaient des végétaux, alors que l'organisme humain ne peut s'en passer. Dès lors, étant donné que les biotopes dans lesquels ils vécurent à toutes les époques regorgeaient de végétaux comestibles, comment douter que les néandertaliens, comme les Inuits, savaient trouver dans la nature assez de vitamines et de fibres, bref de végétaux vitaux ?

Comment s'effectuait cette cueillette ? Nous l'avons vu, dans les sociétés de chasseurs-cueilleurs actuels, il s'agit d'une activité essentiellement féminine. Nous ignorons tout de la répartition des tâches au sein des clans néandertaliens[26], mais après avoir pris connaissance de ce que l'on sait sur ces chasseurs-cueilleurs, on voit difficilement une néandertalienne portant un enfant mettre à mort l'éléphant de Lehringen. On imagine plus facilement les néandertaliennes ramasser des baies et, à la façon des Amérindiens des plaines nord-américaines, les mêler à un mélange de graisse animale et de viande séchée pour constituer de succulentes et énergétiques provisions à emporter par le clan en déplacement ou par les chasseurs pendant la traque d'une grosse proie.

En effet, chez les humains, un maximum de 30 % de la masse de protéines consommée peut être transformé en énergie ; le reste de l'énergie provient de la consommation de carbohydrate et de graisse. Supposons un instant que les néandertaliennes chassaient aussi, au piège, de petits animaux dont elles savaient tirer des réserves, ou des avantages nutritifs particuliers. Laissons notre imagination divaguer et supposons que les néandertaliennes auraient développé et enseigné l'art d'attraper des lemmings en masse et d'en faire de succulentes conserves mêlées de baies sauvages. Quoique moins énergétique que les grands herbivores, abattus dans des chasses collectives, cette nourriture aura pu rendre de grands services à un clan privé trop longtemps de l'aubaine d'un troupeau d'herbivores ?

Ainsi, nous n'avons aucune raison de supposer que comme chez les chasseurs-cueilleurs contemporains, les néandertaliennes ne contribuaient pas de façon importante, voire prépondérante, à la subsistance ; du reste, si l'on imagine qu'elles chassaient plus particulièrement les petits animaux, elles ont pu aussi contribuer de façon notable à la fourniture quotidienne du clan en viande...

La nécessité du festin !

Reste que nous n'avons toujours pas expliqué le recours à tant de viande fraîche. Néandertal était probablement hypercarnivore et consommateur de végétaux. Les signatures isotopiques qui rendent le régime alimentaire des néandertaliens comparable à celui des loups ou des hyènes n'excluent pas une consommation végétale venant en sus de la consommation de viande, probablement énorme. Nous ignorons cependant à quoi ressemblait un festin néandertalien. La consommation massive de viande était peut-être toujours associée à celle de végétaux soigneusement choisis non seulement pour leur goût, mais parce qu'ils complétaient la diète et le goût des mets carnés et facilitaient la digestion ?

Nous en revenons donc encore et toujours à cette lancinante question : pourquoi les néandertaliens mangeaient-ils autant de viande ? Leurs énormes besoins caloriques constituent l'explication avancée le plus souvent, mais il existe aussi une interprétation sociale du phénomène : la nécessité du festin. En effet, dans une population peu nombreuse dont le comportement était avant tout orienté vers la survie, l'abattage puis le partage d'un gros gibier ont pu amener d'énormes bénéfices sociaux. Pour l'anthropologue qu'était Alain Testart, les chasseurs-cueilleurs vivaient au sein de sociétés égalitaires à redistribution directe. Qu'est-ce que cela signifie ? Que le lien social dépendait de façon cruciale de l'équité et de l'organisation sociale du partage des ressources acquises par le groupe.

Cette vision amène à penser que lors des grandes chasses, le clan se rassemblait dans des campements provisoires, véritables sites d'exploitation, dont l'emplacement était sans doute choisi parce qu'on y avait quelque avantage, comme la sécurité face aux fauves, la présence d'eau courante, la possibilité d'observer le paysage de loin (la chasse), la présence d'un gué reliant à l'habitat, de matière première pour façonner des outils, etc. Lorsque les efforts des chasseurs procuraient au clan une grande proie, on imagine qu'elle était débitée sur place en quartiers transportables – peau, cuisseaux, flancs, sources de matière première (défenses, etc.) – puis transportés à l'atelier de boucherie, dont l'emplacement avait été aussi choisi en fonction des habitudes des animaux afin de réduire les distances.

C'est sans doute dans les campements néandertaliens provisoires qu'avait lieu le plus gros du travail de boucherie, qui devait être collectif, comme l'était la chasse. Cette collectivisation du travail va en effet dans le sens d'une redistribution directe de la proie sous les yeux de tous et avec la participation de tous. L'engagement de chacun commençait certainement à la chasse, comme à Lehringen pour pousser l'éléphant vers un marais, ou à La Borde, pour précipiter des aurochs dans un aven.

Le travail commun, peut-on imaginer, se poursuivait sur place et consistait à débiter et faire profiter, à la faveur d'un repas réunissant l'ensemble du clan, des parties difficiles à traiter et à conserver, tels les abats, le cœur, le foie, le contenu stomacal, etc. Puis on transportait au campement permanent toutes les parties nobles pouvant être transformées facilement en réserves (cuisseaux, flancs, muscles) ou pour y extraire de la matière première utile (moelle, défense, peau, tendons servant à faire des liens).

Ces tâches, qui réclamaient de la précision, étaient-elles spécialisées ? On peut par exemple supposer que les femmes étaient plus particulièrement chargées d'apprêter les peaux, ce qui expliquerait d'une part la présence de cours d'eau à proximité des ateliers, comme à Quincieux, ainsi que les traces d'usure des dents par mâchouillage constatées sur certains fossiles, comme sur celui de La Ferrassie ou de Shanidar.

Ainsi, le bien-être d'un groupe néandertalien dépendait d'un partage à la faveur duquel était attribuée à chacun une part proportionnelle à ses besoins, mais aussi à son rôle dans la collecte. Au sein d'un groupe fonctionnant sur le modèle du partage, la chasse aux petites proies, lièvres, lapins et autres mulots, indispensable en cas de vaches maigres, se prêtait mal à la redistribution directe. L'abattage d'un éléphant en revanche, dont la viande nourrissait à satiété le groupe entier en une fois, rendait un autre immense service : en fournissant l'occasion de faire la « fête », du moins de partager, il augmentait la cohésion sociale.

Il est donc spectaculaire, mais pas si inexplicable que cela, que les néandertaliens aient tant risqué pour obtenir de grandes proies : si de pareilles aventures violentes pouvaient s'avérer catastrophiques pour un individu, elles étaient en revanche bénéfiques pour la survie du groupe à long terme. Or la cohésion sociale était d'autant plus vitale que les clans de nos frères néandertaliens étaient très clairsemés comme nous allons le voir.

Figure 7-1 : trouvez le néandertalien dans l'image ! Il y est perdu comme l'était sa population au sein des 10 millions de kilomètres carrés de l'Europe.

7

Néandertal n'aurait pas dû survivre

« S'enfoncer dans cette solitude d'eau et de montagnes [...], les flots, les rochers, les bois, les torrents pour soi seul ! », François-René de Chateaubriand [1].

Fiancé du Nord était à une heure de marche en train d'observer des éléphants, quand il les a vus. Il est aussitôt revenu prévenir de leur arrivée. Oncle fort a tapé, tapé, tapé et retapé « Bienvenue ! » sur ses bâtons tonnerre... Il savait que cela suffirait à les prévenir... Au bout d'une heure, il a entendu les coups de bâton tonnerre qu'il attendait ! On lui répondait dans la langue des chasseurs que l'on arrivait. Donc la langue secrète des chasseurs était la même dans le clan approchant... De quels cousins s'agissait-il ?

Puis ils sont arrivés, silencieux, souriants. Les hommes se sont approchés doucement et ont posé leurs épieux par terre. S'avançant doucement, Fiancé du Nord a posé ses épieux sur les leurs ; puis Oncle fort, puis les hommes, puis les femmes... Les enfants piaillaient. Tous souriaient. Lentement, Oncle fort a levé ses gourdins tonnerre, et il a demandé : « Qui êtes-vous » ? Silence. Il a alors reposé la question en tapant sur ses gourdins.

Une femme s'est avancée et, entrechoquant des gourdins, a répondu : « Nous sommes les gens. » Puis elle s'est mise à parler et personne ne l'a comprise…

Les néandertaliens n'auraient pas dû survivre. Pourquoi ? Parce qu'ils ne pouvaient guère se rencontrer. Ils occupaient en effet un territoire immense : après avoir occupé un espace allant du versant atlantique de l'Europe, la Grande-Bretagne comprise, aux portes de l'Asie, ils ont progressé à partir d'environ 120 000 ans vers le Levant d'abord, puis vers l'Asie centrale (*cf.* figure 2-2 : carte du territoire néandertalien), puis… et puis, les sapiens sont arrivés, puis ils ont disparu après s'être de plus en plus clairsemés. La composition d'une courte séquence d'ADN mitochondrial (123 nucléotides) extrait d'une molaire d'enfant vieille de 100 000 ans découverte dans la grotte de Scladina en Belgique [2] a en effet révélé l'appauvrissement génétique de la population néandertalienne tardive [3]. Pareil phénomène ne peut s'expliquer que par l'érosion de biodiversité qu'entraîne une chute démographique. Comme nous le verrons au chapitre 9, cette faible densité néandertalienne explique peut-être bien des choses quant à leur disparition.

Les estimations du nombre total de néandertaliens réalisées par les paléodémographes limitent de toute façon à quelque 70 000 l'effectif total de la population néandertalienne [4]. Dans un territoire allant de l'Atlantique à la Sibérie centrale et incluant le Proche-Orient, cela implique des densités démographiques si faibles (de l'ordre de 0,02 habitant au kilomètre carré), qu'il semble que les néandertaliens ne pouvaient se rencontrer…

Vous n'êtes pas convaincus ? Supposons que l'effectif maximal de 70 000 néandertaliens se répartissait en 2 000 clans de 35 personnes au maximum (ils étaient sans doute moins nombreux). Ce chiffre de 35 n'a rien d'arbitraire. Fondé sur des observations ethnographiques, il représente en effet l'effectif maximal qui est envisageable pour une communauté de chasseurs-cueilleurs fonctionnelle et viable. Imaginons que ces clans de moins de 35 membres étaient répartis de façon régulière sur les 10 millions de kilomètres carrés de l'Europe. Étant donné cette répartition homogène, chaque clan devait occuper un territoire moyen de 5 000 kilomètres carrés, soit un carré de 70 × 70 kilomètres.

Dans ces conditions, des rencontres et des échanges restent plausibles si l'on prend en considération le fait que les néandertaliens étaient très mobiles, ce que confirment les origines très diverses des matières premières dont ils faisaient leurs outils. Toutefois, la faible diversité génétique [5] néandertalienne suggère aussi que pendant certaines périodes (froides) leur population a pu être inférieure à 10 000 personnes. Pendant ces temps difficiles, il y aurait donc eu moins de 300 clans néandertaliens perdus dans les 10 millions de kilomètres carrés européens. Chaque clan aurait alors occupé environ 33 300 kilomètres carrés, soit un carré de 180 × 180 kilomètres carrés, ce qui dans les conditions subarctiques rend très difficiles des rencontres et des échanges pluriannuels entre clans, surtout s'agissant de clans très mobiles et perdus dans la nature.

Les chiffres sont donc formels : si les néandertaliens étaient répartis en Europe de façon homogène, ils n'ont pu ni se rencontrer, ni établir les échanges culturels et géniques minimaux permettant de survivre. Toutefois, le fait est là : *H. neanderthalensis* n'a pas disparu, mais s'est perpétué. Dès lors, se demande-t-on, où se trouve la faille dans le raisonnement précédent ? L'idée que les néandertaliens étaient répartis de façon homogène à travers l'Europe est-elle fausse ? Oui. Écartons-la d'emblée, car elle n'est pas tenable. Après tout, les néandertaliens ont pu se concentrer dans certaines régions favorables à leur mode de vie.

Quels indices avons-nous sur la répartition des néandertaliens ? Une séparation de la population néandertalienne en sous-groupes géographiques impliquerait la coexistence en même temps en Europe de plusieurs « cultures » néandertaliennes. Dispose-t-on de fossiles allant dans ce sens ? Pouvons-nous être certains d'une façon ou d'une autre qu'il existait plusieurs populations néandertaliennes ?

Le clan de l'ours ? Troisième colline à droite

La réponse à cette dernière question a occupé les paléoanthropologues pendant plusieurs dizaines d'années. Traitée d'abord seulement sur des bases morphométriques, elle l'a été ensuite par le biais de modélisations génétiques et récemment par l'étude de l'ADN des néandertaliens. Par exemple, dans le quart sud-ouest de la France – zone particulièrement dense en découvertes fossiles – l'étude fine de l'anatomie des fossiles néandertaliens a suggéré la présence régionale d'un type physique assez homogène de néandertalien [6]. De même, d'autres variantes néandertaliennes existaient le long de la rive méditerranéenne [7], ou encore en Europe centrale. Puisqu'ils sont identifiables physiquement, ces sous-groupes constituaient en quelque sorte des réservoirs de population (ou des « stocks génétiques » selon le point de vue qu'on adopte), où vivaient des clans conscients de la présence de voisins qu'ils savaient retrouver dans l'immense nature.

Cette situation est sans doute comparable à celle des Inuits. Quand les Européens ont découvert ces chasseurs-cueilleurs arctiques, ceux-ci vivaient dans la glaciation perpétuelle depuis des milliers d'années. Or il existe une galaxie de peuples Inuits : il y a ceux du Groenland, de la Baie d'Hudson et d'autres d'Alaska et de Sibérie. Bien que par leurs cultures et notamment leurs langues, les groupes Inuits sont proches et de même origine, ils sont séparés géographiquement et ne se connaissent pas. Au moment de leurs contacts avec les Européens, les groupes les plus éloignés n'avaient probablement eu aucun contact entre eux depuis des siècles, et leurs modes de vie, quoique comparables, différaient selon les environnements où ils se trouvaient.

Comment les Inuits, un groupe ethnique et culturel dispersé sur l'immense territoire arctique englacé la plus grande partie de l'année, a-t-il pu maintenir assez d'échanges pour survivre pendant des milliers d'années ? Grâce à l'avantage de la répartition en constellation : elle favorise une proximité locale entre voisins et des contacts, qui, même épisodiques, peuvent suffire à maintenir un effectif de population et une typologie physique. En ce qui concerne les néandertaliens, on a mis en évidence que leur répartition dans le sud-ouest de la France respectait sans doute ce schéma d'occupation du sol : elle comportait plusieurs zones d'habitat connectées entre elles.

Cette conclusion ressort des résultats d'une étude menée en 2013 par un groupe d'archéozoologues et de préhistoriens français sur neuf sites du Quercy ayant été occupés entre 200 000 et 40 000 ans sous des climats variés. À partir de ces grottes ou campements de plein air [8], des clans néandertaliens ont exploité leur milieu naturel pour se nourrir et s'équiper. La compilation de la taille, de l'âge, du sexe des proies ainsi que des périodes d'abattage a révélé les stratégies d'acquisition de ressources : les chercheurs ont vu que les activités sont liées à la subsistance en relation avec les saisons, lesquelles conditionnent l'abondance et la disponibilité des animaux chassés. La production d'outils de pierre a renseigné sur le traitement que les chasseurs-cueilleurs réservaient aux ressources acquises : les chercheurs ont par exemple été capables de savoir si les néandertaliens rapportaient leurs proies entières sur le site ou seulement des morceaux de choix, dans quel périmètre ils chassaient et où ils s'approvisionnaient en pierre à tailler.

Les résultats sont étonnants : l'ensemble des données faunique et lithique des sites quercinois fait apparaître en filigrane sur la carte un vaste réseau de circulation de roches concernant tout le nord de l'Aquitaine. La présence de matières premières d'origine assez lointaine (jusqu'à 100 kilomètres) implique des déplacements, ou des contacts au long cours, et confirme l'utilisation d'un vaste territoire par les clans néandertaliens, en particulier vers la Dordogne, et certainement au-delà, à la fois vers la Charente et les grands Causses. Les axes naturels de circulation s'organisent le long des fleuves, mais aussi entre les grandes vallées, au travers de plateaux calcaires giboyeux adaptés aux grands troupeaux de bison et de cheval. Tout indique que les néandertaliens se déplaçaient en fonction des saisons car ils suivaient certaines espèces, qu'ils exploitaient particulièrement à certains moments, le bison au premier chef.

Les préhistoriens ont ainsi pu mettre en évidence que deux groupes, l'un vivant dans le Quercy, et l'autre en Dordogne occupaient des territoires distincts, mais fortement connectés. Chacun de ces territoires pouvait être exploité sur une surface de près de 2 000 kilomètres carrés, d'un rayon d'approximativement 25 kilomètres, ce qui représente cinq à dix heures de marche ; l'augmentation de ce rayon à 50 kilomètres, soit un à deux jours de marche, pouvait porter le territoire exploité à 8 000 kilomètres carrés, ce qui mettait en contact les néandertaliens du Quercy avec ceux de la Dordogne. Ainsi, chaque région (Quercy, Dordogne) pouvait vivre indépendamment au rythme saisonnier, mais conservait une possibilité d'échanges avec sa voisine : ces deux régions de la galaxie néandertalienne étaient manifestement connectées.

L'ultra-trail néandertalien

En poussant leur rayon d'action à 100 kilomètres (trois jours de marche), les néandertaliens du Quercy ou de Dordogne couvraient un territoire de près de 31 000 kilomètres carrés. Les contacts avec les néandertaliens du Bassin aquitain, du Poitou, du Limousin, du Rouergue et des grands Causses devenaient alors possibles. Notons au passage que Lewis Binford, ce fameux préhistorien américain qui analysait les poubelles de groupes de chasseurs-cueilleurs actuels (*cf.* chapitre 5), a établi que les expéditions de chasseurs-cueilleurs actuels couvrent de l'ordre de 100 kilomètres carrés. Leur rayon d'action, ou « rayon de collecte » si l'on veut, varie de deux à une douzaine de kilomètres... Il s'agit manifestement là d'une sorte de règle universelle caractérisant la prédation des chasseurs-cueilleurs actuels. Il y a lieu de penser qu'elle a pu s'appliquer aux néandertaliens aussi.

Ainsi, les néandertaliens semblent bien avoir vécu au sein de plusieurs centres de populations voisins, mais interconnectés au sein desquels s'observe certaines caractèristiques physique de néandertaliens. Cette hypothèse est renforcée par l'étude[9] menée sur plus de 1 300 bifaces issus de 80 sites néandertaliens provenant de cinq pays européens (France, Allemagne, Belgique, Grande-Bretagne et Pays-Bas) sur une période comprise entre – 115 000 et – 35 000 ans.

La comparaison entre l'ensemble de ces outils a amené à les ranger au sein de grandes zones d'influence culturelle distinctes. Les régions Quercy et Dordogne évoquées plus haut, pour leur part, appartenaient à une même zone « culturelle » puisqu'elles étaient interconnectées.

À l'intérieur des centres de population, les densités démographiques étaient suffisantes pour rendre la survie biologique possible à long terme. Des obstacles naturels (les Pyrénées par exemple ou encore le Rhin, etc.) ou simplement de la distance devaient séparer ces centres. Plusieurs modélisations du réservoir génétique néandertalien viennent en appui de cette impression : elles permettent de définir à partir de l'ADN mitochondrial trois sous-groupes européens [10], qui corroborent ceux que les études anatomiques, complétées par celles des habitudes de chasse et d'approvisionnement lithique des néandertaliens, avaient déjà dessinés.

Cette structuration en galaxie de la population néandertalienne a joué un rôle crucial dans sa survie. En effet, pour que les gènes et la culture d'une population puissent se maintenir, un minimum de contacts entre les groupes qui la composent est nécessaire. Ce qui se passe lorsqu'un groupe ne bénéficie pas de l'apport de gènes extérieurs est connu : l'augmentation de la consanguinité fait décroître la valeur adaptative des individus produits. Conséquence : les jeunes du groupe ont de plus en plus de mal à se reproduire.

Pourquoi ? Essentiellement parce que l'augmentation du taux de consanguinité multiplie l'expression de mutations génétiques diminuant l'espérance de vie. La consanguinité dans un groupe peut entraîner très vite sa disparition, ou du moins compliquer sa perpétuation. L'histoire des familles royales européennes, parce qu'elles se reproduisaient surtout entre elles, en fournit des exemples frappants. Les maladies génétiques dont souffre souvent un enfant consanguin faisant beaucoup baisser ses chances de survie, le nombre d'héritiers royaux diminuait de génération en génération. Cela entraînait une baisse de la diversité génétique et accélérait le phénomène [11]. De fait, les familles royales européennes ont longtemps été prisonnières d'une spirale infernale vers la mort. Celles d'aujourd'hui l'ont bien compris, puisqu'elles intègrent de plus en plus souvent des roturiers au « sang », c'est-à-dire au capital génétique bien différent du leur…

Au sein de la galaxie néandertalienne, les clans devaient donc à la fois trouver le moyen de se rencontrer, mais aussi ceux de durer quand les contraintes climatiques limitaient les échanges. L'absence ou le caractère trop sporadiques des contacts a dû souvent pousser les néandertaliens à se reproduire à l'intérieur de leurs clans, donc à être consanguins pendant de longues périodes. Pourtant, force est de constater que dans toutes les sociétés humaines actuelles, l'endogamie ne se pratique pas en famille. Du reste, le tabou de l'inceste a été considéré comme universel par de très nombreux anthropologues, à commencer par Claude Lévi-Strauss, qui en a fait même l'une des règles constituantes de la société humaine. Selon lui, celle-ci se structure pour l'éviter [12]. Les néandertaliens partageaient-ils avec nous le tabou de l'inceste ?

Une étude paléogénétique passionnante publiée en 2010 par une équipe espagnole nous éclaire sur la question. Elle a été réalisée à partir des restes fossilisés de 12 néandertaliens qui vécurent il y a quelque 49 000 ans (en période glaciaire), sur le site d'El Sidrón situé dans le nord de l'Espagne [13]. Selon toutes les apparences archéologiques, ces individus faisaient partie d'un seul et même clan et tous sont décédés à peu près en même temps. Les os de ces néandertaliens – qui ont d'ailleurs été cannibalisés – ont été retrouvés dans une partie de la grotte scellée par un effondrement pour le plus grand bénéfice de la science préhistorique. L'analyse génétique a pu être menée à la fois sur l'ADN mitochondrial et sur l'ADN nucléaire. En particulier, on a pu déterminer le sexe des individus grâce à une recherche systématique du chromosome Y, le chromosome sexuel masculin. Grâce à l'étude de l'ADN et à un examen paléoanthropologique, les chercheurs ont pu établir qu'ils avaient affaire à une partie du clan composée de trois hommes adultes, de trois femmes adultes, de trois adolescents (peut-être tous mâles), de deux jeunes enfants (l'un de 5 à 6 ans et l'autre de 8 à 9 ans) et d'un bébé.

Or l'étude de l'ADN mitochondrial (transmis par la mère) de ces individus a conduit à d'étonnantes constatations. Il s'avère que ces douze néandertaliens sont issus de trois lignées maternelles distinctes : une lignée A comptant sept individus, dont les trois hommes (et qui étaient donc frères, oncles ou neveux…) ; une lignée B comprenant quatre individus, dont une femme et un ou deux de ses enfants ; une lignée C représentée uniquement par la troisième femme adulte.

Ces résultats suggèrent l'existence d'un groupe social constitué d'hommes apparentés, de leurs partenaires féminines et de leurs enfants. Tout indique que les femmes sont venues de l'extérieur du clan. Ainsi, les néandertaliens de la grotte d'El Sidrón semblent avoir pratiqué la forme d'exogamie que l'on nomme la patrilocalité : les femmes devenues adultes quittent leur clan d'origine pour aller vivre dans un autre clan, où elles auront des enfants.

Le cas observé à El Sidrón étant unique, il est impossible d'en conclure que les néandertaliens évitaient l'inceste en pratiquant la patrilocalité. Observons cependant que la patrilocalité est réputée pratiquée par 70 % des sociétés traditionnelles de l'humanité actuelle et notamment dans celles de l'Occident, comme nous le savons bien.

Il serait tentant de projeter le même fonctionnement sur les sociétés néandertaliennes, mais on peut aussi songer qu'elles fonctionnaient suivant un schéma inverse : la matrilocalité. On peut par exemple imaginer que des conflits interclaniques ont régulièrement produit des chasseurs libres, qui erraient loin de leur clan à la recherche d'un nouveau groupe avec qui vivre, voire de femmes si celles-ci manquaient chez eux, etc. Quelle était alors l'attitude d'un clan recevant la visite d'un étranger ? Et si la culture des néandertaliens les avait poussé à accueillir le visiteur et à bénéficier de son altérité génétique ?

Une hospitalité sexuelle néandertalienne ?

Chez nombre de peuples, mais notamment chez les Inuits dont l'isolement nous semble comparable à celui des néandertaliens des périodes glaciaires, se pratique l'hospitalité sexuelle. Le visiteur – qui a survécu seul à un grand voyage, ce qui n'est pas rien – se voit offrir la femme ou la fille de la famille qui l'accueille. On retrouve de telles pratiques au sein de certaines cultures traditionnelles d'Afrique du Nord, d'Afrique noire, d'Arabie, de Micronésie, chez de nombreux peuples amérindiens, etc. Dans le cas des habitants des immensités glacées du Grand Nord, l'existence d'une forte tradition d'hospitalité sexuelle suggère en tout cas que la culture inuit a réagi par un dispositif culturel à la faiblesse du brassage génétique. Nous n'en avons pas le moindre indice, mais nous pouvons en tout cas imaginer une attitude comparable chez les néandertaliens.

Pour autant, comme nous l'avons dit, il est certain qu'au moins à certaines époques et dans certaines régions, les clans néandertaliens ont eu beaucoup de mal à pratiquer assez l'exogamie. Que se passait-il alors ? Il fallait bien se reproduire entre soi. L'endogamie pouvait devenir alors extrême comme l'a révélé une étude en 2013, basée sur le séquençage de l'ADN nucléaire d'une phalange néandertalienne. Cet os de pied a été retrouvé dans la grotte de Denisova dans le massif de l'Altaï en Sibérie centrale, donc dans une région marginale, froide et montagneuse de l'aire néandertalienne, où il ne devait pas y avoir beaucoup de voisins.

Séquencer le génome de la jeune néandertalienne de Denisova a exigé d'assembler de rares et fragmentaires séquences d'ADN néandertalien perdus parmi des millions de milliards de fragments d'ADN parasites issus de la mort de micro-organismes nécrophages. Cette prouesse a été possible grâce à un nouveau protocole élaboré par l'équipe de paléogénéticiens de

Svante Pääbo à l'Institut Max Planck de Leipzig[14], qui a rendu possible de retrouver et d'identifier chacun des quelque trois milliards de nucléotides du génome nucléaire de la jeune néandertalienne de Denisova pas moins de cinquante-deux fois !

Une fois reconstitué, le génome obtenu a été comparé à celui d'un néandertalien déjà connu et séquencé par la même équipe. Or ces résultats particulièrement fiables révèlent une énorme consanguinité. La jeune femme qui nous a laissé son orteil dans la grotte de Denisova a été conçue par un couple formé soit d'un demi-frère et d'une demi-sœur, de doubles cousins, d'un oncle et d'une nièce, d'une tante et d'un neveu, ou, moins probable, d'un grand-père et sa petite-fille ou d'une grand-mère et de son petit-fils... Elle était l'enfant d'une union que nous considérerions aujourd'hui comme aberrante, tant elle serait consanguine.

Peut-on généraliser cet exemple et dire que l'endogamie était à l'époque monnaie courante ? Sans doute peut-on le penser pour les périodes climatiques les plus contraignantes. Mais en dehors de ces périodes difficiles, il est plus raisonnable de penser que les traditions culturelles ont favorisé à l'extrême l'exogamie, à travers le départ de jeunes (Fiancée du Nord par exemple...) ou une grande hospitalité s'étendant jusqu'au partage sexuel. Quoi qu'il en soit, le fait est là : les prénéandertaliens et les néandertaliens ont survécu des centaines de milliers d'années et évolué pour donner une forme humaine singulière, assez homogène sur son territoire. Malgré leur très faible nombre, ils ont réussi à maintenir assez d'échanges génétiques (et culturels) pour survivre.

Hey Femme médecine, comment on taille les silex, déjà ?

Cette question de la pénurie génétique, nous devons aussi nous la poser pour la culture ! L'Histoire du peuplement humain nous démontre que l'isolement culturel compromet la survie d'un groupe trop petit. L'explication en est simple : plus une population est petite, plus elle perd sa capacité à innover. En 2004, l'anthropologue Joseph Henrich [15], de l'Université de Colombie-Britannique au Canada a proposé qu'à l'intérieur des groupes humains une « sélection culturelle » soit à l'œuvre pendant la reproduction des tâches. Il y a quelque 10 000 ans, l'élévation du niveau des océans provoquée par la fonte des glaces a transformé la Tasmanie en île, isolant ses habitants du reste des aborigènes australiens. Le matériel culturel tasmanien s'est alors considérablement simplifié. Les Tasmaniens ont par exemple perdu les savoir-faire de la fabrication d'outils en os (harpons, hameçons...), d'habits, de boomerangs, etc. Quand les Européens les ont découverts, ils n'utilisaient plus que 24 outils, tous extrêmement simples.

À partir de ces observations, Joseph Henrich a imaginé un modèle mathématique décrivant comment la taille de la population influence la complexité culturelle. Il est fondé sur deux hypothèses. La première est que les mécanismes de copie sont imprécis, si bien que la reproduction d'une tâche dégrade en général l'information qui définit cette tâche (le modèle prévoit aussi les cas où la copie est parfaite et celui où ses imperfections conduisent par hasard à une innovation). Seconde hypothèse : les individus tendent à imiter les membres les plus performants de leur groupe. Dès lors, la probabilité d'observer une copie parfaite ou une innovation croît nécessairement avec la taille du groupe. Le modèle de Henrich prédit qu'au sein des petites populations, l'information culturelle ne peut que se dégrader [16]. C'est ce qui se serait passé en Tasmanie.

Un clan néandertalien refermé sur lui-même pendant des dizaines d'années subissait-il le même type d'appauvrissement technique ? Il est clair que les savoirs culturels des néandertaliens devaient leur permettre de « tenir » pendant les périodes sans échanges, même si elles étaient si longues que tous les anciens mouraient ! Comment et pourquoi les cultures néandertaliennes ont pu assurer des flux culturels et géniques suffisants qui nous sont inconnus ? On ne peut que constater que ce fut le cas à l'échelle d'un immense habitat.

La bougeotte néandertalienne

Les flux culturels et génétiques n'ont été possibles qu'avec une certaine mobilité. Nous avons déjà dit et redit que les néandertaliens étaient et devaient être mobiles. À quel point ? Parcouraient-ils de vastes territoires ? En se fondant sur l'observation des chasseurs-cueilleurs actuels, qui passent le plus clair de leur temps à suivre le gibier, on aurait envie de voir dans les néandertaliens un peuple de nomades, guidé par la recherche permanente de nourriture.

Mais cette vision trop simple doit être relativisée. L'anthropologue Alain Testart a mis en évidence que les chasseurs-cueilleurs bougent en moyenne assez peu, car ils ont un comportement opportuniste : ils se déplacent uniquement en fonction du mode de vie des animaux. Ils ne pratiquent pas le grand nomadisme errant de certains peuples de pasteurs toujours en quête de ressources pour leur bétail, mais avancent plutôt par bonds en suivant un cycle rationnel de lieux de vie déterminé par les événements de la nature (migration animale, saison favorable, etc.) et les conditions climatiques. Dès lors, si l'on accepte que la comparaison entre néandertaliens et sapiens vaut, il semble que nous pouvons exclure que les néandertaliens n'ont jamais été de grands nomades.

Pour autant, il est essentiel de tenir compte du climat qui régnait. Les chasseurs-cueilleurs actuels, ceux des climats tempérés ou chauds dans lesquels la nourriture est abondante, tendent à être assez sédentaires. Ils ne consacrent que peu de temps à la recherche alimentaire, de sorte qu'ils disposent de beaucoup de temps à consacrer à l'oisiveté et aux jeux, ce qui explique que de nombreux explorateurs européens du XIXe siècle qualifièrent les chasseurs-cueilleurs qu'ils rencontrèrent de « peuples fainéants ».

En revanche, les chasseurs-cueilleurs des climats froids, par exemple les Inuits, consacrent pendant la saison estivale une partie importante de leur temps à la chasse et à la cueillette afin de se préparer des stocks pour l'hiver. Et même en hiver, malgré les rigueurs extraordinaires du climat et l'omniprésence de la banquise, les Inuits continuent de chasser (avec d'autres méthodes), en particulier le phoque. Aux temps préhistoriques, il est certain que les troupeaux de grands herbivores qui intéressaient en priorité les chasseurs néandertaliens migraient dans la steppe sur de longues distances. Pour les suivre, les néandertaliens devaient être de grands marcheurs.

La quête du Graal néandertalien

Les sites de fouilles peuvent-ils nous aider à faire avancer le débat ? La nature plus ou moins prononcée de la mobilité néandertalienne a-t-elle pu laisser des traces ? Pendant des décennies, la question de la mobilité des néandertaliens a été envisagée principalement à travers deux types de traces : celle des animaux chassés – locaux ou vivant au loin ? – et celle des matières premières à la base des outils retrouvés – à quelles distances en trouvait-on ? Leur étude a permis d'évaluer à quel point les néandertaliens étaient mobiles.

Ainsi, il s'avère que pour fabriquer leurs outils ordinaires, les néandertaliens ont utilisé une très grande variété de roches, dont certaines très rares, tels le jaspe ou encore le cristal de roche. Lorsqu'ils ne disposaient pas de matière première de bonne qualité près d'eux (comme au site de Grand Pressigny en Indre-et-Loire, dont le sol recèle un véritable trésor : du silex sans imperfections), les néandertaliens faisaient avec ce qu'ils avaient sous la main, et si la piètre qualité de la roche l'exigeait, se limitaient à des outils simples. Dans ce cas, pour fabriquer des outils plus complexes, ils étaient obligés de se déplacer à la recherche des matériaux permettant une taille élaborée.

Plus concrètement, les préhistoriens ont établi que selon la matière première recherchée et/ou selon les régions géographiques, les néandertaliens rayonnaient facilement autour d'un site de base sur 10 à 20 kilomètres, voire si nécessaire sur 50 kilomètres. De nombreux sites étudiés depuis la fin des années 1970 ont mis cette mobilité locale en évidence. Le fait que les tailleurs se déplaçaient à la recherche de matière première, puis revenaient à leur camp de base, suggère que les néandertaliens choisissaient leurs stations en fonction d'autres critères que la proximité des gisements. La présence d'un point d'eau susceptible d'attirer le gibier ou encore la possibilité de voir les animaux paissant dans la plaine devait les intéresser.

Cette approche expérimentale est complétée aujourd'hui par des modélisations informatiques détaillées de la façon dont les néandertaliens exploitaient le territoire. Nous avons déjà évoqué ce type de modélisation plus haut au sujet de neuf sites dans le Quercy et la Dordogne. En 2011, une modélisation de grande ampleur réalisée à partir de données lithiques, fauniques et environnementales de 31 sites du Proche-Orient de néandertaliens ou de chasseurs-cueilleurs sapiens [17] a révélé l'existence de deux types de mobilité. Les chercheurs se sont inspirés de constatations ethnographiques faites sur les populations actuelles de chasseurs-cueilleurs pour mettre en évidence une stratégie d'exploitation du territoire dite « résidentielle » (SMR pour stratégie de mobilité résidentielle) et une autre dite « logistique » (SML).

Tandis que la première, la résidentielle, consiste à déplacer le camp de base pour le placer près des ressources disponibles, la seconde consiste à le déplacer moins souvent mais sur une plus grande distance. La stratégie de mobilité logistique s'accompagne donc de déplacements de bien plus grandes amplitudes autour d'un camp de base pour aller chercher de la matière première et la stocker au campement. Les camps de base des clans ayant choisi cette option recèlent de grandes séries d'outils, mais tous faiblement retouchés, car la matière première ne manquait pas. En comparaison, dans le cas de la stratégie de mobilité résidentielle, aucune matière première n'est stockée au camp de base, de sorte que les stations des groupes l'ayant pratiquée sont caractérisées par des répartitions d'outils lithiques fortement retouchés en bien plus petits nombres.

Or, comme dans le cas de l'étude des sites quercynois, les chercheurs ont constaté que l'on rencontre chez les néandertaliens du Proche-Orient toutes les stratégies d'utilisation de l'environnement depuis la stratégie de mobilité résidentielle la plus locale jusqu'à une stratégie de mobilité logitisque à très grande distance. En effet, à partir de 70 000 ans, alors que seuls les néandertaliens sont présents au Proche-Orient, la généralisation de la stratégie de mobilité logistique s'accompagne d'une augmentation de la population. Cette évolution semble avoir été provoquée par des conditions climatiques plus clémentes. Elle explique pourquoi à cette époque, la présence de néandertaliens bien adaptés au Proche-Orient a pu interdire aux sapiens déjà sortis d'Afrique d'accéder à l'Europe.

En effet, l'exploitation du territoire par la stratégie de mobilité logistique implique que les groupes couvrent de plus grandes distances et multiplient par là les chances de rencontrer les populations voisines, ce qui entraîne des contacts, des flux géniques et culturels, et une augmentation des effectifs. Les « néandertaliens logistiques » du Proche-Orient d'il y a

70 000 ans auraient en quelque sorte barré la route aux sapiens pourtant déjà sortis d'Afrique.

Une dernière étude, édifiante, va nous permettre de conclure ce chapitre sur la survie et la nécessaire bougeotte de Néandertal. Il s'agit d'une étude génétique réalisée sur de l'ADN et publiée en 2014 [18]. Les séquences de 17 367 gènes codant pour des protéines de trois néandertaliens d'Espagne (El Sidrón), de Croatie (Vindija) et de Sibérie (Denisova) ont été comparées avec ceux des génomes de personnes vivant aujourd'hui en Afrique, Europe et Asie. Il en ressort que la diversité génétique des néandertaliens est remarquablement faible par rapport à celle des sapiens modernes, qui sont pourtant eux-mêmes déjà caractérisés par une faible diversité génétique. Ainsi, c'est de plus en plus clair : les néandertaliens n'ont constitué qu'une très faible population répartie sur un immense territoire [19], qui n'a survécu qu'en se déplaçant et en mêlant ses gènes à ceux de ses congénères éloignés (et sans doute, dès que possible, à celui de nouveaux venus sapiens).

Une vision de ce qui a permis aux néandertaliens de survivre se dégage enfin ! S'ils ont traversé les âges glaciaires et survécu à des cataclysmes climatiques, c'est parce que leur culture et les contraintes extérieures les ont amenés à adopter une stratégie de mobilité logistique dès que les conditions le permettaient, par exemple pendant la belle saison. Ces migrations par bonds favorisaient les rencontres avec d'autres clans. Sans doute ne faut-il pas s'imaginer ces rencontres comme hostiles, mais plutôt comme des fêtes d'échanges… génétiques et culturelles. Le reste du temps, quand les conditions étaient mauvaises, les néandertaliens se refermaient sur eux-mêmes, maintenaient toujours les mêmes pratiques, se reproduisaient au sein du clan et exploitaient leur territoire à une échelle plus réduite, séjournant dans des grottes plutôt qu'en plein air [20]. Si les cultures néandertaliennes ont réussi à se maintenir à long terme, c'est, sans doute parce qu'elles étaient extrêmement traditionalistes, c'est-à-dire rigide (l'innovation était proscrite ; on procédait toujours de la même façon) et hyperspécialisée (chacun se tenait à son rôle) comme celles des Inuits. Les néandertaliens n'auraient pas dû survivre, mais grâce à ces particularités, ils ont survécu.

Figure 8-1 : la culture néandertalienne était riche et complexe et surtout stable, puisque certains de ses pans – la taille d'outils par exemple – n'ont pas beaucoup changé. La transmission devait donc y jouer un rôle essentiel.

8

Une vie culturelle complexe

« Il n'est guère d'industrie plus simple […] la simplicité de son outillage lithique, […] s'accordent bien avec l'aspect brutal de ce corps vigoureux et lourd, de cette tête osseuse, aux mâchoires robustes […] » Marcellin Boule et Henri Victor Vallois [1].

— *urs, urs, urs !*

Les enfants du clan de l'Ours se gaussent des enfants du clan de l'urs, qui leur répondent : Ououourrs, Ououourrs, Ououourrs…

— *Femme médecine, pourquoi ils ne parlent pas comme nous si, comme le clan de l'Ours, ils sont de la tribu du mammouth ? demande Silencieuse.*

– *Tu as remarqué que dans ce clan, ils sont plusieurs à se nommer « Urs » ?*

– *Oui, Oncle Ours, Oncle Urs et Fille de Urs.*

– *Eh bien, il y a très longtemps quand j'étais petite fille, Fiancé Ours est parti à la recherche d'une fiancée, car il n'y en avait pas à part moi dans notre clan.*

– *Et il n'est jamais revenu. C'est triste.*

Femme médecine sourit, puis dit :

— *Si. Le voilà.*

Silencieuse se tourne dans la direction qu'indique Femme médecine de la tête, mais ne voit que le foyer principal des Urs autour duquel plusieurs des leurs s'affairent. Elle ne comprend pas.

— Fiancé Ours, c'est eux, c'est Oncle Urs. C'est lui qui a fondé leur clan et il est revenu sous la forme de ses enfants !

Silencieuse est sous le choc.

— Oui, explique Femme médecine. Depuis Oncle Ours, leur ancêtre, ce clan n'a plus jamais vu quelqu'un de la tribu de l'Ours. Leur langue a changé.

Si nous avions eu le privilège de pouvoir remonter 50 000 ans en arrière et de débarquer au milieu d'un campement néandertalien, quelles scènes surprendrions-nous ? Quelle langue entendrions-nous ? Quels vêtements verrions-nous porter ? S'habillait-on par ostentation ou de façon utilitaire ? Étonnamment, en dépit des rares vestiges dont nous disposons, nous pouvons reconstituer une partie de ce qu'ont été les cultures néandertaliennes. Aussi, même si nous ne pourrons restituer précisément la plupart des pans de la vie culturelle néandertalienne, nous pourrons au moins en mesurer la complexité. Et nous verrons qu'elle était grande et comparable sans doute à celle de certaines cultures sapiens.

En fait, nous avons déjà la preuve que la vie de Néandertal était complexe : comment aurait-il pu en être autrement étant donné les activités de prédation, les industries lithiques et les stratégies d'exploitation du territoire élaborées des néandertaliens ? Or l'ensemble de ces comportements dénote clairement une sophistication dans les interactions sociales. Ces interactions ont pu s'établir via de nombreux canaux de communication (par les gestes, les habitudes vestimentaires...), mais le plus efficace, le plus « humain » d'entre eux a-t-on envie de dire, est le langage. Cette remarque nous amène à nous poser une première question : Néandertal parlait-il ?

Homo allalus ?

Il est malheureusement impossible de prouver que Néandertal possédait un langage articulé, mais de forts indices le suggèrent. La question a préoccupé les chercheurs dès la découverte des premiers fossiles. Une contradiction apparente frappe alors : pourquoi la capacité crânienne de Néandertal est-elle comparable à celle de Sapiens, alors qu'on prête à notre espèce sœur un aspect fruste ? À cause de ce paradoxe, la possibilité ou non que Néandertal ait parlé se retrouva sur une balance qui n'arrêta pas d'osciller. Ainsi, en 1865, l'anthropologue Gabriel de Mortillet analysant la face interne de la mandibule néandertalienne de La Naulette en Belgique, fait des néandertaliens des *Homo allalus*, c'est-à-dire des « hommes muets ». Il est contredit en 1906 par l'anatomiste Anatole Félix Le Double, qui avait un avis mieux fondé, puisqu'on lui doit les premières grandes études de la variabilité des os humains chez Sapiens. Or, examinant la même mandibule, Le Double affirme que la morphologie interne de l'avant de la mandibule ne constitue pas un indice de la présence ou de l'absence de langage articulé.

Le premier pas important sur la question des capacités langagières de Néandertal est franchi par l'application d'idées venant de la neurologie. En 1861, Paul Broca, un grand savant qui fut à la fois médecin, anatomiste, anthropologue et le fondateur de la société d'anthropologie de Paris, avait prouvé que la perte du langage articulé de l'un de ses patients était due à une lésion du cerveau. Broca inféra que la zone correspondante était fortement impliquée dans la production de la parole. Cette zone, nommée aujourd'hui « aire de Broca », était selon ses termes le « centre de la parole » et se situait sur le pied de la troisième circonvolution du lobe frontal (une zone située à gauche du cerveau) chez les droitiers comme chez les gauchers.

En 1874, l'aire de Broca fut complétée par une seconde zone cérébrale jouant un rôle capital dans le langage, l'aire de Wernicke, en référence au neurologue et psychiatre allemand Carl Wernicke qui la découvrit. L'aire de Wernicke intervient dans la compréhension des mots : elle serait un centre de stockage possible de la représentation auditive des mots. Les personnes souffrant d'une lésion de l'aire de Wernicke ont du mal à comprendre le langage oral comme le langage écrit, bien qu'elles puissent parler (mais de façon totalement incompréhensible). Cette aire se situe près du cortex auditif primaire dans le lobe temporal (au-dessus de l'emplacement de l'oreille), mais peut se trouver dans l'hémisphère gauche (chez environ 99 % des droitiers) ou le droit (chez 70 % des gauchers).

Ces découvertes ne pouvaient que pousser les paléoanthropologues à se demander si les néandertaliens possèdent une aire de Broca et une aire de Wernicke. Très vite, des moulages de la cavité intracrânienne néandertalienne furent réalisés et le prouvèrent. Cette constatation n'a rien d'étonnant en fait, car tout indique que l'aire de Broca existait déjà chez *Homo habilis*, notre plus vieil ancêtre humain. Toutefois, bien que la capacité crânienne élevée et l'existence des « aires du langage » chez les néandertaliens constituent des indices favorables de la présence d'un langage articulé, ces indices ne suffisent pas à démontrer son existence.

La thèse qui faisait de Néandertal un être doué de la parole s'est renforcée le jour où les paléoanthropologues se sont demandé s'il possédait les appareils phonatoire et acoustique nécessaires.

La réponse n'est arrivée qu'en 1983, quand une sépulture néandertalienne [2] découverte dans la grotte de Kébara, en Israël, a livré un os hyoïde. Sans cet os qui permet l'attache de la langue, aucune articulation n'est possible. Or la morphologie de cet os chez Néandertal s'est révélée strictement identique à la nôtre.

Manifestement, la capacité physiologique à articuler est un produit d'évolution ancienne, presque sûrement très antérieur à l'arrivée en Europe des ancêtres heildelbergiens des néandertaliens. *H. neanderthalensis*, c'est clair, avait la capacité physiologique d'articuler. Le faisait-il réellement ? Pour y répondre, une équipe de chercheurs[3] a mené une étude par micro-imagerie (à l'aide d'un fin pinceau de lumière issue d'un rayonnement synchrotron) afin d'analyser la structure interne de l'os hyoïde et d'en vérifier le comportement mécanique. L'appareil phonatoire de l'individu de Kébara et la musculature associée reconstruits à l'aide d'un modèle numérique ont prouvé que l'os a subi de façon routinière les mêmes forces que celles d'un os hyoïde d'homme moderne : l'individu de Kébara articulait au quotidien !

Il s'est avéré par ailleurs que les néandertaliens étaient dotés aussi de la base génétique du langage articulé. Celle-ci est représentée par la même version du gène *Foxp2* chez Néandertal et chez Sapiens[4]. Chez Sapiens, on sait son rôle actif dans le développement des régions du cerveau liées à l'apprentissage des langues et du langage articulé[5] (il existe d'autres gènes[6] impliqués dans le langage, tels *Cntnap2*, *Ctbp1*, et *Srpx2*, mais nous ignorons s'ils étaient présents chez les néandertaliens).

Bref, tout pointe vers la possibilité d'un langage chez les néandertaliens, ce qui n'est pas étonnant. Vivant en groupe, ils devaient coordonner beaucoup d'activités, à commencer par la chasse, dont nous avons vu qu'elles engageaient le clan entier : il est donc clair que les néandertaliens avaient besoin de communiquer entre eux. Va pour un langage, mais quel langage ? Les néandertaliens maîtrisaient-ils un système linguistique complexe ? En d'autres termes, pouvaient-ils combiner des mots (syntaxe) et des sens (sémantique) ?

La question reste ouverte et il faut reconnaître que la réponse dépend beaucoup de la vision que l'on se fait de

Néandertal. De fait, les chercheurs pour qui les néandertaliens sont très différents de nous tendent à leur attribuer des capacités langagières plus frustes que celles que les sapiens avaient au moment de leur irruption en Europe. Dans leur vision, les systèmes de communication plus performants des sapiens auraient constitué un avantage compétitif. Est-ce si sûr ? Les sapiens archaïques d'il y a cinq cents siècles avaient des cultures manifestement proches de celles des néandertaliens. Dès lors, pourquoi supposer que ces sapiens aussi pouvaient parler de façon élaborée ? Nous n'avons pas davantage de preuves, sauf à supposer que nos capacités langagières actuelles peuvent être projetées dans un passé aussi lointain.

Bref, les capacités langagières attribuables aux néandertaliens (et aux sapiens archaïques) demeurent une affaire subjective et nul doute que cette question continuera longtemps encore à alimenter les débats. Pour nous, c'est clair : les néandertaliens parlaient, car ils en avaient toutes les capacités anatomiques, symboliques et cognitives. La présence de sous-populations néandertaliennes impliquait certainement l'existence de variations linguistiques. Plusieurs milliers d'années d'interaction entre clans sapiens et néandertaliens ont certainement produit des cultures mixtes, de sorte que les néandertaliens nous ont peut-être passé des mots. Si ce fut le cas, nous ne saurons jamais lesquels.

À l'école néandertalienne

Pour nous, l'argument principal en faveur de la parole n'est pas à chercher sur les squelettes, mais autour d'eux, dans les pierres taillées. L'histoire des néandertaliens possède un chapitre durant lequel ces cailloux ont été façonnés avec une spectaculaire régularité pendant des centaines de milliers d'années : le Moustérien. D'une grande complexité, la technique de taille moustérienne, qui perdure sur plus de 250 000 ans s'accompagne d'un ensemble de traits particuliers : les néandertaliens utilisent les éclats pour fabriquer des outils fins et spécialisés que l'on nomme selon la forme ou l'usage supposé : pointes, disques, lames, burins, racloirs, grattoirs… Ces outils taillés (lames, pointes…) sont par ailleurs emmanchés et combinés à l'aide de colles végétales (des bitumes, *cf.* chapitre 4) à d'autres composants pour former des outils composites plus complexes encore, telles des lances armées de lames…

Comment cette culture matérielle aurait-elle pu se transmettre sur tant de générations sans la parole ? Parmi les différentes techniques dites moustériennes, prenons l'exemple d'une tâche particulièrement complexe : le débitage Levallois. Elle est réalisée à partir d'un bloc de matière (le nucléus) qui est préparé au préalable. Cette mise en forme de la pierre vise à obtenir *in fine* de grands éclats possédant une forme prédéterminée (qui sont éventuellement retouchés ensuite). Or tel un tailleur de pierre précieuse d'aujourd'hui, l'ouvrier moustérien qui la pratiquait devait établir mentalement un plan d'attaque et donc prévisualiser l'outil qu'il voulait réaliser. Selon l'usage auquel il le destinait, il devait en outre savoir corriger son geste pour augmenter l'efficacité de l'outil.

Décrites ainsi, ces opérations passent peut-être pour un jeu d'enfant, sauf que très peu de préhistoriens sont parvenus à les reproduire, tandis que ceux qui ont réussi ont derrière eux des années d'apprentissage. Pour leur part, les jeunes néandertaliens ne pouvaient se payer le luxe d'années d'essais, mais devaient produire très tôt de bons outils pour s'en servir. Nul doute que les adultes expérimentés qui les entouraient les guidaient par la parole quand ils s'essayaient à débiter leurs premiers couteaux…

Du reste, l'existence de toute une culture passant par la parole autour de l'industrie lithique néandertalienne est aussi suggérée par la façon dont le Moustérien va brusquement évoluer au Paléolitique supérieur (de 30 000 à 10 000 ans environ). Dans son célèbre livre *Le Geste et la Parole*, le préhistorien français André Leroi-Gourhan [7] estime que le Moustérien comme les autres techniques du Paléolithique moyen (de 300 000 à 30 000 ans) produisait environ deux mètres de tranchant par kilogramme de roche, alors que la taille acheuléenne pratiquée par les heidelbergiens n'en produisait que 0,4 mètre. Dans certaines régions, la technique va évoluer pour donner certaines des industries lithiques typiques du Paléolithique supérieur, avec leurs 6 à 20 mètres de tranchant par kilogramme de roches !

Or ce développement a été rapide et s'est opéré, semble-t-il, hors de tout contact avec les sapiens porteurs de l'industrie aurignacienne (typique du Paléolithique supérieur) qui sont entrés en Europe il y a quelque 43 000 ans. Pour autant, nous ne pouvons exclure que cette évolution n'ait pas été de façon indirecte une conséquence de l'arrivée des sapiens. De fait, il est frappant de constater qu'après une stabilité qui a duré 250 000 ans, le Moustérien évolue en Europe et se diversifie à la fin de l'histoire néandertalienne en plusieurs techniques lithiques (Châtelperronien, Széletien,...) sur un laps de temps relativement court, de quelque 10 000 ans seulement. La coïncidence est troublante...

Pour autant, même si les néandertaliens ont brusquement changé leur façon de tailler sous l'influence indirecte des sapiens, ils n'auraient pu le faire s'ils n'avaient disposé pour cela d'une cognition et de capacités de communication et de symbolisation à la hauteur de celles de leur concurrent. Jusque-là, leur attitude avait été plutôt routinière, dénotant un état d'esprit du genre : on ne change pas une technique qui marche ! Tout à coup, il a fallu certainement innover pour imiter des concurrents efficaces...

Un Néandertal magicien et archéologue ?

Une catégorie d'autres productions matérielles traduit l'existence de capacités cognitives et symboliques importantes et, par voie de conséquence, d'une culture complexe : les objets rares. L'archéologie montre que les néandertaliens et leurs prédécesseurs n'étaient pas seulement préoccupés de survie, mais qu'ils consacraient aussi du temps à la production d'objets non utilitaires, dont la singularité saute aux yeux. Ainsi ce biface rose et jaune nommé Excalibur déjà évoqué (*cf.* chapitre 2) exhumé sur le site de Sima de los Huesos et qui accompagnait les restes de 28 heidelbergiens probablement jetés dans un puits, il y a plus de 350 000 ans. Selon l'interprétation la plus partagée, il s'agirait d'un objet funéraire : il aurait été taillé dans une pierre remarquable afin d'être déposé volontairement au cours de ce qui pourrait être l'une des plus anciennes cérémonies funéraires connues [8].

Autre cas, ce biface en cristal de roche façonné il y a quelque 150 000 ans, découvert à Kulna en Tchéquie. Or, le cristal nécessaire a possiblement été échangé avec un clan voisin, car son matériau provient de plus de 100 kilomètres au sud de Kulna. Il tranche au milieu des monceaux de microlithes laissés par les occupants du lieu. Sa présence et l'absence de traces d'utilisation suggèrent qu'il n'avait pas de rôle utilitaire [9]. Autre cas d'objet rare et sans utilité apparente : ce grand éclat de silcrète (un conglomérat de pierres collées par de la silice) à points blancs trouvé sur le site néandertalien de la Comblette dans le Vaucluse, dont la présence étonne au milieu d'un assemblage d'outils destinés à la chasse [10].

Plus surprenants encore sont ces objets dont l'intérêt fut peut-être symbolique, esthétique, affectif, magique… voire lié au pouvoir dans le clan ou à des activités de séduction. Le simple fait d'avoir été rapportés jusqu'au campement dénote déjà une attention particulière et renseigne comme nous l'avons vu sur la mobilité des néandertaliens. Citons par exemple ces fossiles de bélemnites [11], découverts sur le site moustérien à débitage Levallois des Canalettes (datant d'environ 60 000 ans, il est situé dans les Causses à 680 mètres d'altitude). La forme typique en « balle de fusil » (allongée avec le bout en ogive) des rostres de ces céphalopodes jurassiques et crétacés fut manifestement remarquée par les néandertaliens. Les chasseurs n'ont pu ramasser ces rostres que dans les falaises situées en contrebas du site. Même s'il n'est pas long, le chemin à parcourir jusqu'à ces falaises suffit à prouver le caractère rare et non utilitaire de ces rostres de bélemnites.

Autre exemple : la molaire supérieure de rhinocéros trouvée au début des années 1970 dans le site néandertalien de la grotte de l'Hortus [12], en France. Cette dent est remarquable, car elle appartient à une espèce – *Dicerhorinus mercki* – déjà éteinte à l'époque moustérienne ! Il ne s'agit donc pas d'un reste de chasse, mais d'un fossile remarqué par les néandertaliens et rapporté « à la maison ». Au début des années 1960, André Leroi-Gourhan avait déjà mis au jour un extraordinaire amas de « curiosités » dans les niveaux du Paléolithique moyen de la grotte de la Hyène à Arcy-sur-Cure en Bourgogne [13]. L'accumulation hétéroclite comprenait des gastéropodes, des polypiers sphériques et des nodules de pyrite de fer, tous de forme étrange.

À quoi servaient ces objets rares ? À quels genres de lubies cédaient les néandertaliens en les ramassant ? Jouaient-ils un rôle dans des activités intraclaniques liées au pouvoir, à la séduction, etc. ? Autant de questions sans réponses certaines. En revanche, il est clair que ces objets apportés de loin ont pu receler une valeur esthétique et/ou symbolique, possibilité que les trouvailles de parures faites dans les sites archéologiques confirment sans l'ombre d'un doute.

Les parures néandertaliennes

En 2011, on découvrit que les néandertaliens du site de Fumane près de Vérone chassaient des oiseaux non comestibles (corvidés, faucons, aigles, vautours…) afin d'en utiliser les plumes [14]. Observées seulement sur les os alaires, des traces de découpes, de grattages et de désarticulation montrent qu'il y a 44 000 ans environ, ces néandertaliens tardifs recherchaient ces oiseaux seulement pour leurs rémiges (les grandes plumes des oiseaux). À quoi leur servaient-elles ? L'observation de nombreux peuples sapiens, à commencer par les Amérindiens des Plaines d'Amérique du Nord, suggère la confection de parures, de balais, d'éventails et autres ornements à valeur symbolique.

Le même type d'interprétation vient à l'esprit lorsqu'on regarde le collier constitué de huit serres de pygargue (une espèce d'aigle), intentionnellement munies d'encoches destinées à les suspendre à un lien, qui vient d'être identifié dans le matériel découvert dans la grotte de Krapina en Croatie [15]. Le bijou a été confectionné par des néandertaliens il y a environ 120 000 ans.

Ces indices spectaculaires de l'existence de parures néandertaliennes provoquent systématiquement une certaine perplexité chez certains chercheurs sceptiques, que leur interprétation met mal à l'aise. Pourtant, la conclusion des deux études, l'une du site à néandertaliens de Gibraltar et l'autre portant sur 1699 sites néandertaliens européens ou asiatiques [16], est claire : là aussi, des néandertaliens tardifs [17] ont arraché leurs plumes (les rémiges primaires) à des rapaces et à des corvidés. Ainsi l'usage de ces grandes plumes alaires semble bien avoir été un trait culturel des néandertaliens, notamment des néandertaliens tardifs (et tout indique que leur préférence allait aux volatiles à plumages sombres tels les

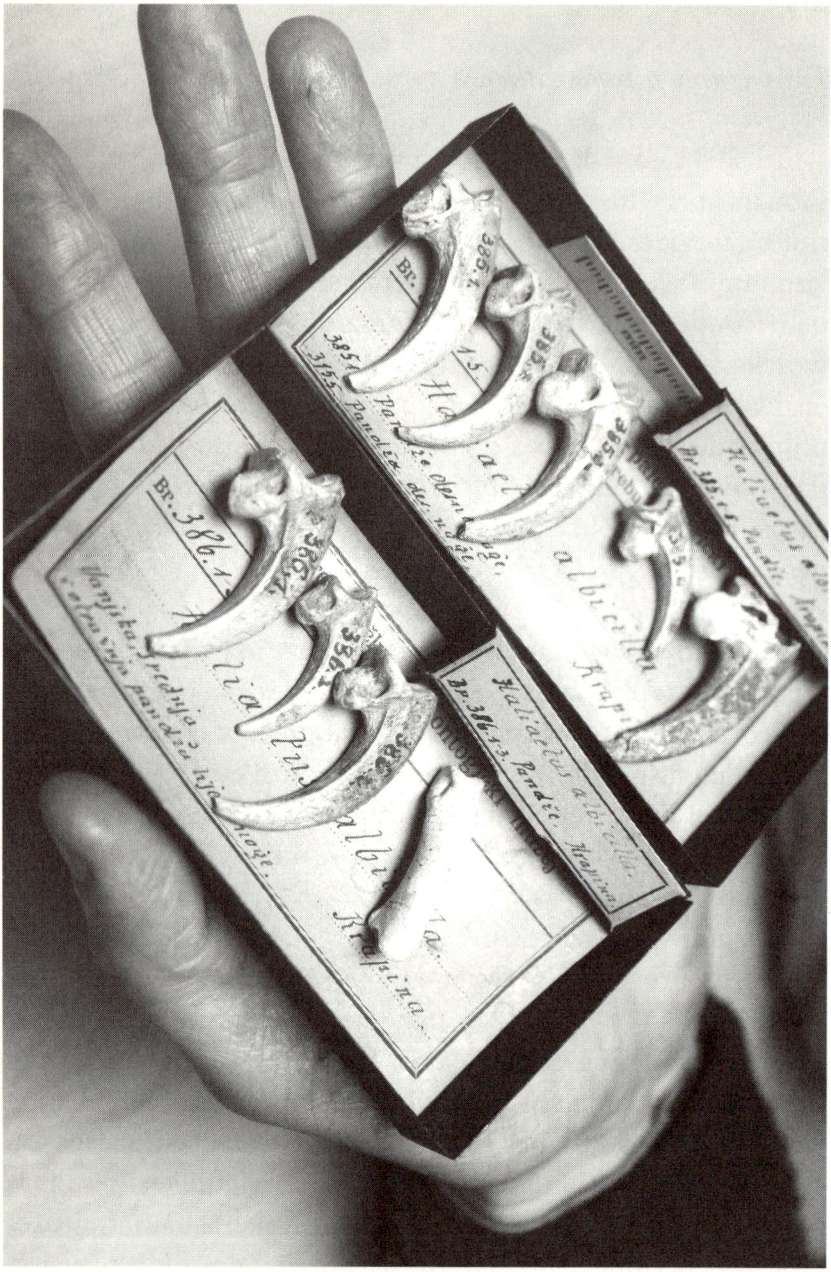

Figure 8-2 : ce collier de serres d'aigles adroitement percées a été façonné par des néandertaliens il y a 120 000 ans ! Ils occupaient la grotte de Krapina dans ce qui allait devenir la Croatie actuelle, et y pratiquaient une forme d'anthropophagie.

corbeaux, les corneilles, les pies, les milans ou les faucons crécerelles). À quelles fins ? L'explication la plus plausible est celle-ci : les néandertaliens employaient un langage symbolique ornemental, reflet d'une cognition avancée [18].

Si vous avez encore un doute de la réalité de ce symbolisme, examinez les superbes colliers de dents de cervidés et autres parures et outils retrouvés par André Leroi-Gourhan dans la grotte du Renne à Arcy-sur-Cure dans l'Yonne. Ce site, caractéristique de la culture châtelperronienne (contemporaine à celle moustérienne tardive et autres cultures dites de « transitions »), a longtemps été attribué aux sapiens jusqu'à ce que l'os temporal d'un enfant étudié par Silvana et d'autres collègues et des dents retrouvés sur place, ajouté à une fenêtre temporelle placée entre – 41 000 et – 35 000, ne l'octroie à des néandertaliens tardifs [19].

Ainsi les néandertaliens tardifs portaient des parures complexes, et s'ils le faisaient, sans doute avaient-ils développé tout un vocabulaire d'autres symboles ostentatoires, avant même leurs premiers contacts avec des sapiens. On pourrait fort logiquement en déduire que ce langage symbolique a émergé spontanément, mais sans doute est-ce là une interprétation imprudente. On ne peut que relever en effet la simultanéité de l'invention de nouvelles cultures matérielles par les néandertaliens après 200 000 ans de stabilité et de l'irruption des sapiens en Europe. La coïncidence est trop troublante pour être fortuite. Ces nouvelles cultures pourraient s'être développées sous la pression compétitive des sapiens. Oui, les cultures néandertaliennes de la fin de leur histoire sont de complexités comparables à celles des sapiens de même époque ! Toutefois, il ne faut pas perdre de vue qu'elles peuvent aussi s'être développées par acculturation, au contact avec sapiens, mais aussi par transculturation, c'est-à-dire par propagation culturelle depuis un Proche-Orient déjà entièrement sapiens.

Qui a inventé la pensée symbolique ?

Alors, Néandertal fut-il un imitateur ou un créateur ? La question reste ouverte : certains chercheurs le voient comme le produit d'une acculturation ; pour d'autres, les cultures néandertaliennes tardives résultent d'hybridations avec sapiens. Toutefois, une chose est certaine : même sous la pression de Sapiens, la pensée symbolique de Néandertal n'a pas jailli de nulle part ; son développement final fut peut-être fulgurant, mais ses origines étaient anciennes. Comment en douter lorsque l'on voit qu'il y a 250 000 ans dans la vallée de la Meuse, les prénéandertaliens des sites C et F du Belvédère de Maastricht utilisaient très probablement de l'ocre rouge pour orner leur corps [20].

On a en effet retrouvé sur ces sites des séries de minuscules taches rouges tranchant sur le sédiment limoneux déposé par la Meuse toute proche. L'analyse chimique a prouvé qu'il s'agit d'un matériau rougeâtre riche en oxyde de fer, bref d'ocre. Or les gisements d'ocre les plus proches se trouvent à 40 kilomètres environ. Les tentatives de reproduction de ces taches suggèrent que le sédiment n'a pu s'entacher de la façon observée qu'après avoir reçu des gouttes d'un colorant liquide. Ainsi, il semble qu'il y a 2 500 siècles environ, un néandertalien a versé au-dessus du sédiment limoneux un liquide ocré, préparé avec un minéral apporté de loin. Pourquoi ? Parce que pour ocrer la surface de son corps il a versé ce colorant sur lui-même, de sorte que des goutelettes ont éclaboussé le sédiment.

Pour réaliser l'énormité de cette découverte, il faut se rappeler qu'avant elle, la piste de la pensée symbolique remontait en Afrique du Sud. Au site de Blombos Cave, des blocs d'ocre rayés de traits, des coquillages percés imprégnés d'ocre et des pointes témoignent de l'existence de techniques élaborées, d'activités artistiques, donc de pensée symbolique chez *Homo sapiens* il y a 75 000 ans [21]. D'autres coquillages ocrés et percés datant de 82 500 ans ont été retrouvés dans la grotte des Pigeons, près du village marocain de Taforalt. La présence d'ocre a aussi été mise en évidence au Proche-Orient dans le site de Qafzef occupé par des sapiens il y a 100 000 ans [22]. Toutes ces découvertes ont nourri l'idée d'un développement de la pensée symbolique par *Homo sapiens*, puis de sa progression depuis le sud de l'Afrique, vers le Nord, le Proche-Orient et enfin l'Europe.

Or, s'il y a plus de 200 000 ans, sur la Meuse, des prénéandertaliens employaient effectivement de l'ocre pour s'orner le corps, l'idée d'un rôle pionnier de la pensée symbolique sapiens serait anéantie et remplacée par une antériorité de la pensée néandertalienne. Quitte à écorner notre orgueil d'espèce dominant la planète, examinons le dossier plus en détail : l'ocre néandertalien de la Meuse servait-il vraiment à des activités symboliques ? Après tout, des prénéandertaliens se sont peut-être enduits d'ocre pour se protéger du soleil ou de terribles moustiques ? Possible, mais douteux si l'on considère que l'usage de l'ocre se retrouve plus tard chez les néandertaliens où il est notamment associé aux défunts, pratique aujourd'hui encore en usage au sein de nombre de cultures. Ainsi, il semble plus vraisemblable que près de la Meuse, les prénéandertaliens ornaient leurs corps d'un pigment rouge pour des raisons symboliques.

Manifestement, la tradition des ornements corporels s'est ensuite perpétuée, comme le montre la découverte en 2010 de coquillages marins perforés et tachés de pigments dans des sites à néandertaliens de la province de Murcie en Espagne, datant d'environ 50 000 ans, c'est-à-dire précédant de 10 000 ans l'arrivée des premiers sapiens en Europe [23]. Si l'un des sites est aujourd'hui côtier (Los aviones), il était situé il y a 50 000 ans à au moins cinq kilomètres de la mer, tandis que l'autre en était éloigné d'au moins 60 kilomètres, de sorte qu'il est impossible que les coquillages aient été apportés dans les grottes par les vagues.

Les restes de coquilles Saint-Jacques, d'huîtres et de pétoncles présentent des traces de pigments et sont percés de trous (de suspension, sinon de quoi ?). Les orifices, qui semblent naturels, sont tous positionnés de la même façon, ce qui laisse penser que les néandertaliens les ont choisis selon leurs propres critères en vue d'une utilisation particulière. C'est la surface interne qui a été colorée avec des pigments orange (goethite jaune) et rouge (hématite) provenant d'un gisement situé à cinq kilomètres des grottes. Les trous de suspension et la taille identique des coquillages montrent que ceux-ci devaient être portés comme parure par les néandertaliens. Les traces de colorants se retrouvant uniquement dans la partie creuse des coquillages, il est possible que les coquilles aient également servi de récipients. Pour constituer un nécessaire de maquillage ou de peinture corporelle ?

Avant cette découverte, des preuves strictement équivalentes avaient conduit les paléoanthropologues à accepter la présence de la pensée symbolique chez les sapiens. Dès lors, nier cette présence chez les néandertaliens reviendrait à employer deux poids et deux mesures…

Néandertal peignait-il ?

Parvenus à ce stade, nous ne pouvions que supposer que les néandertaliens avaient aussi un art pictural, comme les sapiens anciens. La chose est soupçonnée depuis qu'ont été entreprises des datations par la méthode uranium-thorium de la calcite stalagmitique recouvrant les peintures pariétales de onze grottes espagnoles [24]. Cette méthode de datation consiste à compter le nombre d'atomes de thorium issus de désintégrations des atomes d'uranium naturellement présents dans la calcite. Elle constitue une autre solution à la datation par le carbone 14 (imprécise au-delà de 40 000 ans), impossible à mettre en œuvre avec les pigments minéraux. La technique ne livre pas les âges des peintures, mais leur fixe seulement des bornes inférieures. Or, selon les résultats de ces recherches dans la grotte d'El Castillo, les âges d'une empreinte de main et d'un large disque rouge seraient respectivement d'au moins 37 300 et 40 800 ans.

Comment interpréter cela ? Ces âges peuvent signifier deux choses : soit que des artistes sapiens étaient déjà arrivés dans la péninsule Ibérique vers 41 000 ans, ce qui semble tôt et nous n'en avons aucune preuve ; soit que les peintres étaient néandertaliens. À ce propos, lisons le spécialiste de l'art pariétal Michel Lorblanchet (CNRS), qui déclare que les nouvelles datations « ne font que poser le problème de l'origine de l'art des cavernes : il reste à le résoudre ; il reste à prouver que Néandertal a fréquenté régulièrement les grottes profondes, qu'il a investi le milieu souterrain comme l'a fait l'homme moderne[25] ». Or, en 2016, cette résolution a avancé d'un pas depuis qu'a été révélée l'existence d'étranges structures construites dans la grotte de Bruniquel dans la vallée de l'Aveyron, il y a quelque 180 000 ans. Elles se trouvent à 300 mètres de l'entrée, et ne peuvent être atteintes qu'après un parcours difficile. Oui, les prénéandertaliens, donc vraisemblablement les néandertaliens leurs descendants ont fréquenté « régulièrement les grottes profondes[26] ».

Pour Lorblanchet, c'est clair : « Rien n'était impossible à l'homme de Néandertal, puisque depuis deux millions d'années au moins, dès son origine, l'homme est un "*Homo estheticus*[27]". Nous avons toujours pensé que la rencontre de l'homme de Néandertal et de l'homme moderne a été une période d'émulation culturelle et spirituelle qui a permis l'émergence du grand art des parois en continuité avec les créations de deux millions d'années d'histoire de l'art… »

Ainsi, selon l'un des avis les plus autorisés en matière d'histoire de l'art pariétal, Néandertal aurait au minimum été en contact avec les arts sapiens, ou aurait pu être lui-même artiste. Quoi qu'il en soit, il semble évident qu'il avait le potentiel pour verser dans les arts picturaux étant donné que, comme Sapiens, il descend d'ancêtres qui avaient déjà manifesté des préoccupations esthétiques, du moins si l'on accepte que la beauté recherchée des bifaces en soit une. Pour les auteurs de ce livre, les nouvelles datations des œuvres de grottes espagnoles invitent à attribuer à Néandertal des contenus artistiques complexes. Selon nous, les néandertaliens innovent déjà avant l'arrivée de Sapiens en Europe, puis le font davantage après. Nous ne pouvons en être sûrs, mais il est plus que vraisemblable que des contacts avaient lieu, de sorte que des néandertaliens connaissaient les innovations sapiens, qui les auraient incités à les imiter et à innover.

Les sépultures et le cannibalisme

Pour ceux qui doutent encore de la similarité de la cognition néandertalienne et sapiens, l'examen du domaine funéraire achèvera de les convaincre. De façon générale, les gestes prodigués à un défunt ne peuvent qu'être hautement symboliques. C'est valable pour notre espèce comme cela l'était pour Néandertal. Ces gestes n'ont de sens que s'il existe un imaginaire collectif justifiant les efforts faits pour témoigner au défunt respect et affection, voire pour l'aider dans son passage vers l'au-delà. Or, en Europe, le phénomène des inhumations néandertaliennes commence quelque 10 000 ans avant tout contact avec les sapiens, à partir de 50 000 ans. Le vieillard édenté, pouvant à peine marcher (donc pris en charge par son clan) enterré il y a 50 000 ans à La Chapelle-aux-Saints, en fournit un exemple emblématique (voir p. II du cahier central).

En 2013, cette découverte effectuée par les frères Jean et Paul Bouyssonie en 1908 a été réétudiée afin d'établir avec certitude si l'homme de La Chapelle-aux-Saints a été inhumé intentionnellement ou pas [28]. Ce réexamen a permis d'écarter la possibilité que la fosse dans laquelle se trouvait le squelette ait pu résulter d'une formation naturelle, notamment parce que le trou contenant les ossements était creusé dans des strates de calcaire mou et d'argile verticales alors qu'elles sont toujours horizontales dans les formations naturelles. Ainsi, pour cet individu âgé et hautement handicapé (*cf.* chapitre 5), les membres du clan ont consacré beaucoup de temps à construire une tombe en entassant de la terre autour du corps. Ils ont effectué ce travail rapidement, car sinon les os ne se seraient pas conservés aussi bien. Cette tâche n'avait rien d'essentiel pour la survie du groupe, mais elle était néanmoins importante. Comment, sinon spirituellement ?

Du reste, la découverte en 1983, dans la grotte de Kébara, d'une sépulture de néandertalien enterré il y a 60 000 ans, conforte l'idée que les néandertaliens ont pris soin de certains défunts et les ont enterrés. C'est d'ailleurs au Proche-Orient qu'ont été mises au jour les plus anciennes sépultures de l'humanité. Ces dernières, celles de Qafzeh et de Skuhl, sont associées à des sapiens ; elles datent de 100 000 ans, c'est-à-dire d'une époque où aucune sépulture n'est connue pour les néandertaliens en Europe. En revanche, beaucoup de sites ont livré des ossements néandertaliens très fragmentés et porteurs de nombreuses traces de décharnement, que l'on a interprétées comme des preuves de cannibalisme [29]...

Il serait tentant de penser que les néandertaliens ont adopté la culture funéraire des sapiens et que l'introduction de la pratique des sépultures ait représenté une innovation symbolique et conceptuelle importante.

Une autre direction, où il est possible de rechercher des traces de pensée symbolique, est celle du cannibalisme. Des

Figure 8-3 : curieusement, les néandertaliens se mettent à inhumer certains de leurs morts il y a quelque 50 000 ans, alors qu'avant, ils ne le faisaient pas. Les traditions anthropophages continuent sans que l'on sache si elles étaient pratiquées sur des sujets d'autres clans ou des défunts du groupe.

traces indiscutables de cannibalisme néandertalien (démembrement par sectionnement des tendons, fragmentation des os pour en retirer la moelle, traces de découpe sur la surface des os) s'observent dans plusieurs sites [30]. Cependant, les fouilles archéologiques ne nous disent guère quels liens unissaient les morts à la communauté des vivants [31]. Même si nous savons avec certitude que les néandertaliens furent cannibales pendant des milliers d'années, nous ignorons si leur anthropophagie était endogamique (pratiquée à l'intérieur du clan) ou exogamique (sur des individus extérieurs au clan).

Or, chez Sapiens du moins, les données ethnologiques montrent que ces deux formes de cannibalisme ont des significations différentes : tandis que le cannibalisme exogamique peut être alimentaire, le cannibalisme endogamique vise souvent à offrir au mort la possibilité de survivre dans le corps de ses proches. Il constitue donc lui aussi une activité à visée symbolique. Ainsi, même si l'on suppose que l'enterrement des morts par les néandertaliens européens quelque 10 000 ans avant les premiers contacts avec les sapiens résulte d'une propagation culturelle depuis un Orient déjà sapiens ; le probable cannibalisme rituel pratiqué auparavant pourrait lui aussi émaner d'une vie symbolique élaborée.

Alors, un animal ce Néandertal ? Purement mû par ses « fonctions végétatives et bestiales », comme l'écrivaient Boule et Vallois ? Sans culture autre que des stratégies de prédation ? Sans « traces de préoccupations d'ordre esthétique ou d'ordre moral » ? Sans ornements ? Sans pensée symbolique ?

Pris dans son ensemble, tout ce que nous venons de passer en revue prouve plutôt le contraire : chez les prénéandertaliens et néandertaliens, on aidait son prochain (*cf.* chapitre 6), on s'ornait le corps d'ocre, on peignait peut-être au fond des grottes, on y construisait des structures, on taillait des outils efficaces, on agissait ensemble et on se coordonnait grâce au langage. À l'arrivée de Sapiens, les néandertaliens quittèrent très vite des usages anciens pourtant immémoriaux pour développer bientôt de nouvelles habitudes. Et si Néandertal a su se réinventer, c'est qu'il l'avait sans doute déjà fait avant sous une forme plus imperceptible. Oui les cultures néandertaliennes étaient riches et complexes, même si une grande part de leur mystère demeure.

Figure 9-1 : les clans néandertaliens et sapiens ont d'abord dû se rencontrer au Proche-Orient et en Asie septentrionale. Y ont-ils fondé des cultures mixtes avant d'arriver en Europe ?

9

L'arrivée du perturbateur Sapiens dans la vie de Néandertal

« Tout dégénère entre les mains de l'homme. […] Il bouleverse tout […] ; il ne veut rien tel que l'a fait la nature, pas même l'homme. »
J.-J. Rousseau [1].

Fille de Urs est morte. La nuit a été froide, et la vieille femme ne s'est pas réveillée ce matin, malgré les couvertures et le lit de paille que lui avait donnés son clan. Femme médecine, qui a essayé de la soigner avec ses bouillons, est triste. Elle demande à Ursa, la chamane des Urs au bout de combien de jours Fille de Buc sera déposée dans la forêt, mais sa réponse la pétrifie.

— Nous ferons comme les clans de l'Est, nous la mettrons dans la terre. Oncle Urs et les enfants sont déjà en train de creuser une fosse dans la vallée.

— Vous la mettrez dans la terre ?

— Oui, les clans de l'Est avec qui nous avons chassé font ça, car ils n'aiment pas que les animaux mangent les morts. Ils nous ont montré comment faire…

Femme médecine est choquée. Tellement choquée !

— Mais, mais… mais, « tu es la steppe et tu dois redevenir la steppe ».

— *Oui, je sais, répond Ursa, mais être dans la terre n'empêche pas ça, disent les chamanes de l'Est...*

— *Mais, qui sont ces gens de l'Est ?!? s'énerve Femme médecine.*

— *Vous ne les connaissez pas ? commente Ursa non sans une malicieuse fierté. Ce sont les gens à tête haute.*

Abordons maintenant le thème le plus délicat de ce livre : la question de la transition néandertalien-sapiens en Europe. Pourquoi et comment les néandertaliens ont-ils disparu ? La disparition de toute une population humaine dans les limbes du temps est un phénomène fascinant. Nous allons voir que si le plus plausible est que cette disparition est liée à l'arrivée des sapiens, il est très difficile de retracer le scénario de ce qui s'est produit, tant le processus d'extinction de Néandertal a laissé peu de traces.

Toutefois, avant de rentrer dans les détails de cette énigme, ravalons un peu notre vanité d'humains : même si l'extinction de nos frères néandertaliens nous touche, d'un point de vue écologique, il s'agit d'un phénomène banal à l'échelle de l'histoire évolutive de notre planète. Il est à mettre au même plan que la fin de l'écureuil roux d'Europe au Royaume-Uni à la suite de l'arrivée de l'écureuil gris d'Amérique [2]. Si l'écureuil roux d'Europe disparaît, c'est parce que les ressources de son habitat lui ont été soudainement disputées par un concurrent tout juste un peu plus dynamique. Cet exemple illustre une règle écologique fondamentale : une espèce s'éteint parce que son habitat disparaît, ou, ce qui revient au même, est modifié d'une façon qui ne permet plus à ses membres d'assurer leur fonctionnement biologique.

Dans l'Europe pléistocène, les résilients néandertaliens vivaient en exploitant d'immenses espaces naturels, où ils traquaient les grands herbivores. L'arrivée de Sapiens semble avoir gêné ce mode de vie. Attention, nous ne sommes pas en train d'affirmer que les sapiens auraient joué un rôle actif dans l'extinction des néandertaliens. De par la rapidité de ses effets, une violence exterminatrice se serait traduite dans le registre fossile par une disparition des fossiles néandertaliens bien plus soudaine que ce qui est observé.

Nous sommes juste en train de dire qu'étant donné la très faible densité démographique néandertalienne et la très grande rigidité de leur comportement, l'irruption dans leur environnement d'une espèce humaine aussi expansive territorialement et démographiquement que Sapiens semble, à l'échelle géologique, l'équivalent d'une explosion. On soupçonne d'ailleurs qu'en plus des néandertaliens, les sapiens ont aussi envoyé

Néandertaliens, sapiens et dénisoviens

En 2008, dans la grotte de Denisova dans l'Altaï sibérien, un morceau de phalange de 50 000 à 30 000 ans est découvert. Cet os, qui serait celui d'un enfant de sept ans, est néanmoins trop petit pour rendre possible une identification morphologique. Toutefois, chance exceptionnelle, il contient assez de matériel génétique, de sorte que son ADN mitochondrial peut être reconstitué et séquencé. Publiés en 2010, les résultats stupéfient la communauté scientifique, puisqu'il s'agit de l'ADN d'une nouvelle espèce humaine. L'ADN contenu dans deux molaires appartient aussi à cette nouvelle espèce : *Homo sapiens Altai*, que l'on qualifie plus communément de « dénisovien ».

Le séquençage de l'ADN nucléaire de la phalange de Denisova et sa comparaison avec le génome de Néandertal et de Sapiens moderne ont confirmé que les dénisoviens n'appartiennent pas aux lignées néandertaliennes et sapiens. Leur ADN est toutefois plus proche de celui de Néandertal. Les paléogénéticiens ont calculé que leur plus récent ancêtre commun aurait vécu il y a quelque 640 000 ans. Les dénisoviens et les néandertaliens ont ensuite vécu des histoires indépendantes, ce qui se reflète dans les gènes qu'ils ont apportés aux différentes populations actuelles. Ainsi, tandis que les dénisoviens partagent des mutations avec les Mélanésiens de Papouasie-Nouvelle-Guinée et les aborigènes australiens, les néandertaliens en partagent avec les habitants de l'Eurasie.

ad patres plusieurs espèces animales et une autre espèce humaine à l'est de l'Eurasie : les dénisoviens [3] (*cf.* encadré, ci-dessous). Ainsi, la question scientifique la plus pertinente à ce stade de la recherche n'est pas tant « Pourquoi les néandertaliens ont disparu ? », mais plutôt « D'où vient l'explosion territoriale de Sapiens qui a fait disparaître toutes les autres populations autochtones ? ». Pour retracer le scénario des derniers instants de la mort de Néandertal, il faut cesser de s'intéresser au mort pour se tourner vers son… frère !

Sapiens, le grand rival

Qui ont été les premiers sapiens à sortir d'Afrique ? Les fossiles des grottes Qafzeh et de Skhul en Israël [4] attestent de la présence il y a quelque 100 000 ans au Proche-Orient [5], de sapiens archaïques, qui, comme les néandertaliens, pratiquent une taille de type moustérien. Depuis quelques années, on envisage même qu'avant 100 000 ans, une vague de sapiens soit partie (sans doute via la péninsule Arabique vers 125 000 ans [6]) en direction de l'est sur la rive sud de l'Asie. Vers 100 000 ans, des *Homo sapiens* sont en effet attestés en Chine du Sud (grotte de Zhiren), où ils se seraient métissés avec des formes humaines locales [7].

Certes, ces premiers sapiens hors d'Afrique n'ont pas colonisé l'Europe, mais ont-ils rencontré les néandertaliens ? La question reste discutée. Pour certains, dont les auteurs de ce livre (Silvana qui a travaillé pendant des années sur les néandertaliens du Levant [8]), la réponse est oui en ce qui concerne le couloir levantin. N'oublions pas que Néandertal lui aussi est sorti de son berceau européen : il y a environ 120 000 ans [9], sa présence au Proche-Orient est bien attestée par ce qui serait une sépulture, celle la femme de Tabun C, mise au jour dans une des grottes du mont Carmel (la grotte de Tabun) en Israël (toutefois, sa datation est controversée). Puis, des squelettes néandertaliens presque complets vieux de 60 000 ans ont été découverts dans les grottes israéliennes de Kébara et d'Amud [10]. Les néandertaliens sont aussi connus à la même époque à Dederiyeh en Syrie et à Shanidar en Irak [11]. Or, c'est entre ces deux occupations néandertaliennes que la région aurait connu son plus ancien peuplement par des sapiens (les fossiles provenant des grottes israéliennes de Qafzeh et de Skhul) (voir p. VII du cahier central). Selon toute vraisemblance, Néandertal et Sapiens se sont donc croisés il y a 100 000 ans et sans doute avant au Proche-Orient.

Nous ignorons quand exactement une nouvelle vague de sapiens, cette fois pleinement évolués, sort d'Afrique, mais cela pourrait être vers 70 000 ans. Leur probable passage par le détroit de Bab el-Mandeb, séparant l'Afrique de l'Est (Djibouti) et le Yémen les pousse à dédaigner le nord, notamment le couloir levantin peuplé de néandertaliens et à poursuivre vers l'est. Quoi qu'il en soit, plusieurs autres vagues bien plus conquérantes succéderont à cette première vague sapiens. En quelques dizaines de milliers d'années, elles couvriront toute l'Asie, l'Indonésie et l'Australie et l'Europe.

Nous savons en effet qu'il y a quelque 45 000 ans des sites d'occupation sapiens entourent l'Europe par l'Est [12] et le Sud [13] ; 10 000 ans plus tard, il y a des sapiens modernes partout en Europe, y compris dans les espaces britanniques, tandis que de dernières populations néandertaliennes vivent peut-être encore au sein de territoires réduits dans le sud de l'Europe notamment dans les péninsules Ibérique [14] et Italique [15]. L'avancée des sapiens pleinement évolués est incroyablement rapide : en seulement 40 000 ans, Sapiens aborde toutes les terres atteignables à pied et sans doute déjà quelques terres accessibles sur des esquifs, dont l'Australie (*cf.* figure 9-3).

Les néandertaliens ont pris de plein fouet cette explosion territoriale. Il semble qu'ils n'ont pu y résister. La façon dont

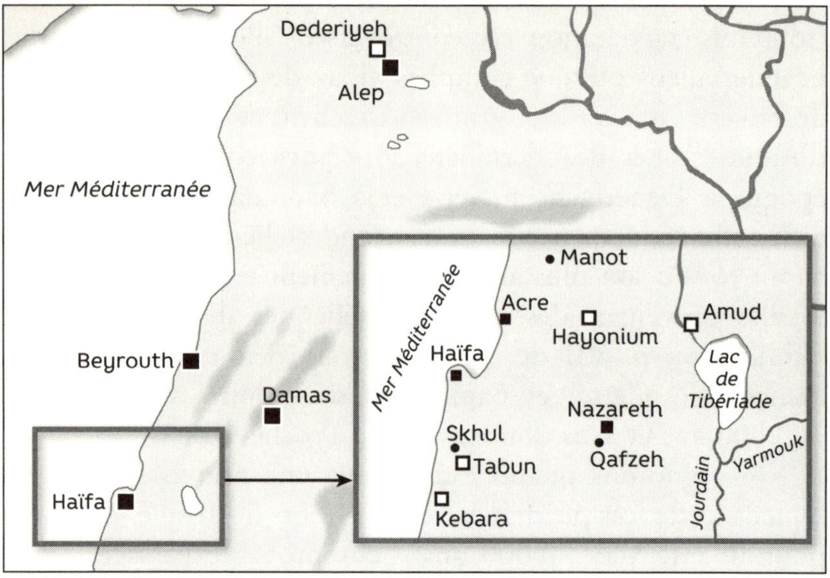

Figure 9-2 : le Proche-Orient est l'endroit où les néandertaliens (□) et les sapiens (•) se sont d'abord rencontrés, comme le suggère cette carte des fossiles découverts.

les sapiens se sont répandus et adaptés à tant d'environnements suggère qu'ils étaient dotés d'une grande plasticité écologique : que ce soit en innovant ou en copiant (une façon d'innover !), Sapiens semble avoir été capable de s'adapter et de se multiplier sous tous les climats et environnements qu'il a rencontrés. L'évolution de Néandertal semble au contraire l'avoir doté d'une grande rigidité écologique, caractéristique qui était sans doute nécessaire pour la perpétuation de la lignée néandertalienne dans les climats glaciaires (*cf.* chapitre 7).

Nous ignorons les densités démographiques des premières populations sapiens en Eurasie, mais leur expansion territoriale n'a pu être possible sans une augmentation importante de leur population. Les datations de plus en plus précises des sites moustériens tardifs en Europe montrent que l'arrivée des sapiens a segmenté encore plus la population ténue des néandertaliens en la confinant dans des îlots de territoire ou dans

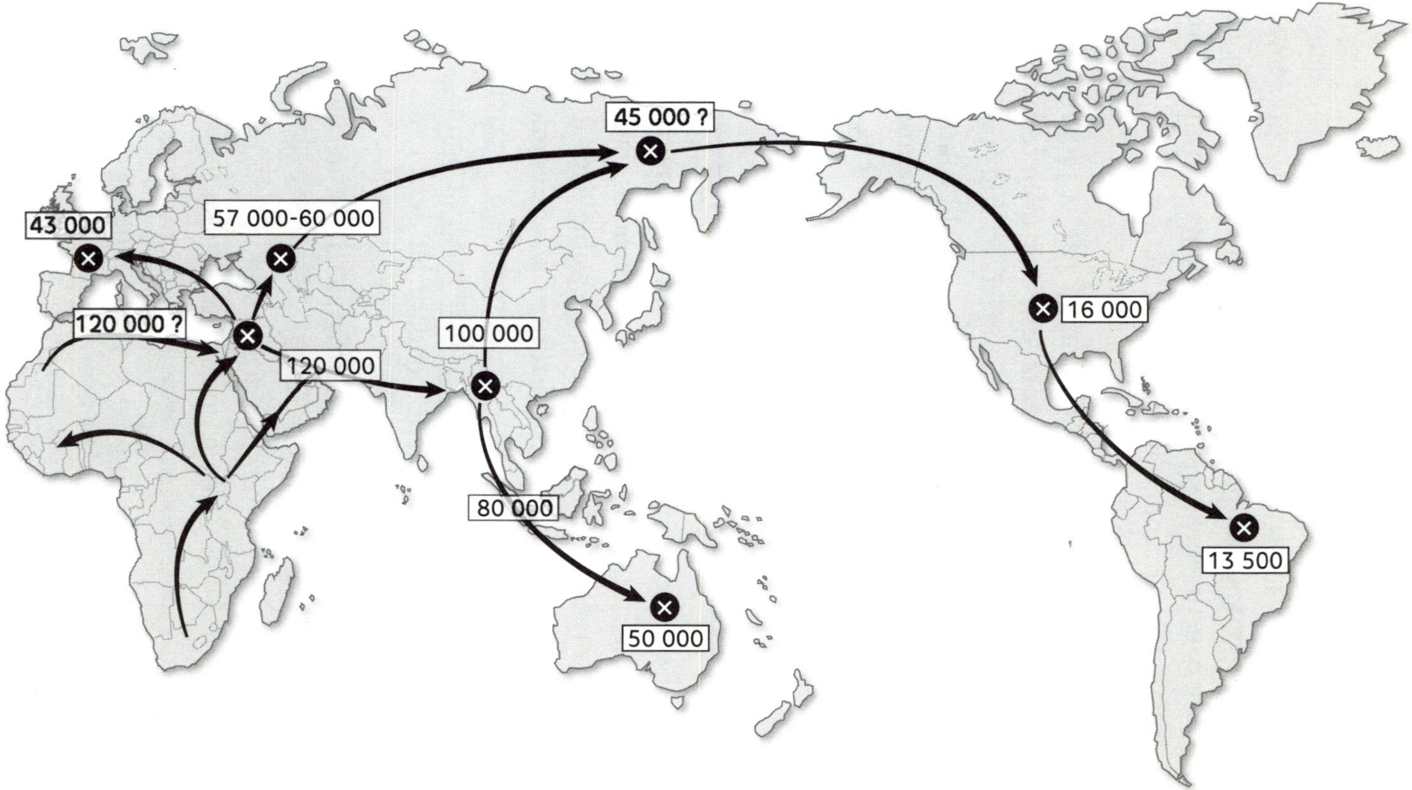

Figure 9-3 : les principales dates de la dispersion d'*Homo sapiens* sur la planète.

des zones marginales. On se doute que dans le même temps, les sapiens exerçaient une pression de prédation supplémentaire sur les ressources préférées des néandertaliens. Si à elle seule cette concurrence territoriale et alimentaire n'a pu suffire pour amener les néandertaliens à l'extinction, elle y a sans doute contribué.

Toutefois, on ne peut qu'être frappé par la rapidité de la disparition néandertalienne, alors que les néandertaliens et leurs ancêtres heildelbergiens ont survécu en Europe sous des cieux peu cléments pendant au moins 450 000 ans… D'un point de vue écologique, cela ne peut être un hasard : le perturbateur sapiens a changé la vie des néandertaliens.

Le choc des cultures

Dès son arrivée, Sapiens manifeste en effet une adaptation poussée à l'environnement européen, laquelle se traduit par sa diversité culturelle. Cette diversité est sensible dans le vocabulaire fleuri qu'emploient les préhistoriens pour désigner les différentes industries de taille : aurignacienne, gravettienne, solutréenne, épigravettienne, magdalénienne, azilienne, etc. [16] Ces techniques se sont succédé pendant les deux cents siècles que représente le Paléolithique supérieur.

Dès le Protoaurignacien et l'Aurignacien (entre 42 000 et 35 000 ans), les sapiens créent fréquemment des objets en os, en bois de renne, en ivoire de mammouth, etc., notamment des pointes de lances, des harpons, des bijoux et autres statuettes. Ils utilisent souvent l'os pour réaliser des outils de plus en plus petits, tels des aiguilles à coudre dotées de chas, des harpons, des hameçons à poisson, ainsi que de nouveaux objets tels des propulseurs à sagaies, des arcs, des jouets… Tous ces objets facilitent la vie quotidienne de mille façons ;

l'habillement devient plus protecteur ; la chasse et la pêche deviennent plus productives ; les jeux des enfants plus instructifs[17]...

Nous ignorons ce qui a provoqué cette intense productivité culturelle chez les sapiens. La compétition entre groupes sapiens ? La répartition des tâches au sein des clans sapiens ? Un allongement de la durée de vie qui permet de mieux prendre soin et d'éduquer les jeunes ? L'influence des chamans ? Une évolution biologique ? Cela est d'autant plus mystérieux que les premiers sapiens que l'on trouve au Proche-Orient vers 100 000 ans (les fossiles de Qafzeh et Skhul notamment) pratiquaient une culture matérielle moustérienne tout à fait semblable à celle des néandertaliens, qui n'était pas caractérisée par la même productivité culturelle.

Quoi qu'il en soit, la période que nous vivons actuellement illustre particulièrement deux caractéristiques de la vie culturelle sapiens déjà manifeste au Paléolithique : elle est faite d'innovations culturelles constantes et le rythme d'arrivée de ces innovations augmente sans cesse. À cet égard, il suffira de remarquer que la façon dont se déroule la vie sociale a sans doute davantage changé pendant l'étendue de la vie des auteurs de ces lignes qu'elle n'a changé entre les Gaulois et l'époque de leurs naissances ! Frappante aujourd'hui, l'accélération de la vie sociale sapiens était déjà à l'œuvre quand la culture néandertalienne était, elle, réglée comme du papier à musique.

La production culturelle sapiens et le monde symbolique qui lui était associé ont dû constituer un énorme défi pour les néandertaliens quand ils entrèrent en contact avec les remuants sapiens. Pour s'en convaincre, il suffit d'observer le bouleversement que représente aujourd'hui l'irruption de la culture occidentale dans une société traditionnelle. Pendant des siècles, les Inuits authentiques avaient des traditions techniques remarquables. Leurs armes, leurs habits, leurs kayaks et autres outils inouïs de survie ont fait l'admiration des ethnologues, comme Paul-Émile Victor. Pour autant, les Inuits d'aujourd'hui achètent des parkas canadiennes, se déplacent à jet-ski et chassent à la carabine. En à peu près cinquante ans, leurs modes de vie traditionnels et des pans essentiels de leurs cultures si raffinées, au moins sur le plan technique, ont été balayés. La même constatation peut être faite pour à peu près toutes les cultures indiennes de la forêt amazonienne une fois le contact avec les Brésiliens établi. Quant à l'Inde, pour protéger les derniers aborigènes africanoïdes des îles Andaman, elle a carrément établi une ligne de partage entre la civilisation et eux, que nul membre de la société mondiale n'a le droit de franchir…

Quand une petite population marginale à vie sociale lente est brusquement confrontée à une population plus nombreuse à vie sociale rapide, on assiste à la disparition de la première, laquelle entraîne souvent la mort de ses porteurs, à moins qu'ils ne se mélangent et ne réussissent une synthèse des deux cultures.

Néandertal pataud et stupide versus « super » Sapiens

Même s'il est clair que Néandertal avait un train de retard par rapport à son frère d'Afrique, peut-on dire pour autant que la biologie et les cultures néandertaliennes ne faisaient pas le poids face à Sapiens ? Non. Le penser a longtemps été un réflexe répandu. Des néandertaliens primitifs (les techniques raffinées des Inuits sont-elles primitives ?) auraient été supplantés par des sapiens plus « intelligents » aux techniques « modernes »… Pour conforter cette impression, on a cherché systématiquement à accentuer les particularités anatomiques

« handicapantes » des néandertaliens, de façon à démontrer le caractère inférieur du mode de vie de ces épaisses brutes. Trop stupide, Néandertal aurait été incapable d'évoluer pour changer de mode de vie.

Comme nous l'avons vu, de nombreuses découvertes archéologiques traduisent une réalité différente et parfois livrent même des indices allant dans le sens contraire… notamment le fait que les néandertaliens se sont sans doute mis à évoluer très vite au contact des sapiens, exactement comme toute petite société sapiens vivant isolée dans la nature une fois en contact avec une société bien plus grande. Très peu nombreux, les néandertaliens ont peut-être disparu exactement comme tant de petites cultures sapiens disparaissent lorsqu'elles sont mises en contact avec la grande société mondiale : soit en s'éteignant pour de bon, soit en se fondant dans la masse, soit les deux à la fois…

La mystérieuse disparition des néandertaliens a résulté, au moins en partie, d'un jeu complexe d'acculturations dû au choc des cultures qu'a entraîné la rencontre avec Sapiens. Toutefois, à cette cause ont pu s'ajouter d'autres facteurs externes, notamment climatiques, ou internes, liés à la biologie. Le registre fossile est trop pauvre en indices pour qu'il soit possible de préciser ici quelle combinaison de facteurs a entraîné l'inéluctable. Cependant, nous pouvons faire au moins une chose : passer en revue la plupart des nombreuses hypothèses proposées pour expliquer – en une fois – la disparition des néandertaliens. Ce sera non seulement intéressant, mais amusant aussi, tant certaines paraissent farfelues ! Qu'elles le soient ou pas, il en est de deux types : les causes internes liées à la biologie et aux cultures néandertaliennes supposées déficientes et les causes externes liées à la survenue d'événements extérieurs à la vie de l'espèce *Homo neanderthalensis*. Commençons par ces dernières.

La guerre, toujours la guerre…

La première des hypothèses externes est plutôt funèbre. Elle est que Sapiens aurait sciemment éradiqué Néandertal. Il s'agit manifestement là d'une proposition induite par le darwinisme social. Selon cette doctrine, au sein d'une société humaine, les forts dominent les faibles, laquelle domination se traduirait par des éliminations. Dans ces théories éradicatrices, les sapiens auraient pratiqué une sorte de « nettoyage ethnique paléolithique » traquant systématiquement les innocents néandertaliens dans les immenses territoires européens pour en disposer les uns après les autres.

Si cette hypothèse guerrière est envisageable et a pu, localement, correspondre à la réalité, aucun indice solide ne vient l'étayer. Nous verrons au chapitre suivant que le séquençage des génomes sapiens et néandertaliens a révélé qu'un certain mélange entre néandertaliens et sapiens a eu lieu, semble-t-il pour des raisons biologiques davantage par la formation de couples reproducteurs femme néandertalienne-homme sapiens que l'inverse [18]. Aussi n'est-il pas exclu que la conquête ou la colonisation de territoires se soit accompagnée de combats entre les sapiens et les néandertaliens, par exemple pour l'appropriation de femmes.

Une hypothèse qui nous paraît banale tant notre monde actuel est violent, mais encore faut-il que la violence interpersonnelle puisse être prouvée chez les néandertaliens. Elle existait sans nul doute, puisque nous en avons une preuve pour leurs ancêtres. Il y a environ 423 000 à Atapuerca, une jeune adulte heidelbergien a semble-t-il été assassinée. Reconstitué à partir de 52 morceaux d'os découverts à Sima de los Huesos, son squelette porte en effet deux lésions perforantes sur l'os frontal. Employant les techniques de la police scientifique, les préhistoriens espagnols qui l'ont étudié ont conclu que ces traces résultaient d'un homicide. Ce cas a d'abord l'intérêt de montrer que le meurtre existait chez les Paléolithiques [19], mais, franchement, on s'en doutait... Il s'agit en tout cas du premier meurtre documenté de l'histoire humaine.

Pour autant, rien ne vient corroborer la thèse de violences généralisées entre Paléolithiques et donc entre Néandertal et Sapiens (il y en a en revanche beaucoup chez les sapiens de la toute fin du Paléolithique). En effet, dans tout le registre fossile néandertalien, nous n'avons que deux fossiles néandertaliens portant des traces de blessures pouvant aussi être interprétées comme le résultat de violences interpersonnelles [20] (Shanidar 3 et Saint Césaire 1). Même si l'absence d'enregistrement fossile n'interdit pas absolument qu'une extermination ait eu lieu localement, à grande échelle, elle semble bien improbable. Si cela avait été le cas, la disparition des néandertaliens aurait alors duré quelques centaines d'années et non pas cinq mille ans au moins.

Alerte aux virus

La deuxième grande cause externe est constituée par les maladies endémiques, celles qui sont permanentes dans une population. Les néandertaliens ont-ils dû affronter l'équivalent redoutable d'un virus Ebola importé d'Afrique par les sapiens ? Cette possibilité doit être prise au sérieux étant donné ce que l'on sait de la contamination des Amérindiens par les colons européens. Selon les historiens actuels, avant l'arrivée de Christophe Colomb, la population des deux Amériques se situait en effet entre 50 et 100 millions d'habitants. Après l'arrivée des Européens, les peuples amérindiens ont été frappés de plein fouet par le terrible choc viral et bactérien des maladies européennes. La reconstitution de ces épidémies est très difficile, puisque la plupart se sont déroulées hors de la vue des Européens ; on ignore donc leurs effets exacts, mais les historiens évaluent la réduction de population allant jusqu'à 90 % en quelques années dans certaines régions, et de 50 à 70 % pour l'ensemble de la population américaine précolombienne [21] !

Les sapiens ont-ils provoqué une catastrophe biologique comparable lors de leur arrivée ? Une fois encore, aucune preuve matérielle ne vient étayer cette idée, ce qui n'a rien d'étonnant : la majeure partie des maladies ou infections létales, donc rapides, ne laissant pas de trace sur les os fossiles. Impossible dans ces conditions de tester l'hypothèse d'un choc bactériologique et viral sur les rares fossiles que nous avons. Par ailleurs, l'idée que les maladies infectieuses auraient été aussi présentes chez les chasseurs-cueilleurs que dans les sociétés denses de l'époque de la fin de la Renaissance est un anachronisme. Les Européens qui arrivaient en Amérique provenaient de sociétés nombreuses où le risque pandémique était très élevé et ils entrèrent en contact avec des sociétés elles aussi très denses et entretenant entre elles de nombreux contacts.

Or, nous avons déjà insisté dessus, la densité de population des sociétés néandertaliennes était extrêmement basse – à la limite de la survie sociale. Bien que sans doute un peu plus dynamiques démographiquement, les premiers clans sapiens n'étaient guère plus nombreux, ce qui limitait à l'extrême les occasions de contamination. À supposer que les sapiens aient effectivement apporté avec eux nombre de virus et de bactéries contre lesquels les néandertaliens ne disposaient d'aucune défense immunitaire, il semble vraisemblable que les contacts entre clans néandertaliens étaient assez espacés pour protéger leur population contre un éventuel choc viral et bactériologique. Bref, il y a une contradiction entre l'idée d'une épidémie foudroyante et une disparition étalée sur plus de 5 000 ans. Et si les maladies n'étaient pas foudroyantes, le système immunitaire néandertalien aurait eu le temps d'évoluer pour s'adapter. La théorie qui voit Néandertal laminé par une attaque biologique manque de crédibilité.

Et soudain, le ciel menace…

Et si le fléau qui avait décimé notre frère européen était venu du ciel ? Après tout, un astéroïde a bien signé la mort des dinosaures. Pour Néandertal, la menace se serait incarnée dans de dangereuses radiations plutôt qu'un gros caillou jaillissant de l'espace. Progressive, la transition néandertalien-sapiens s'est produite à partir de 43 000 et jusqu'à 34 000 ans. Or une inversion transitoire du champ magnétique terrestre – nommée événement de Laschamp – s'est produite pendant cette période. Ce phénomène a pu priver l'Europe de sa protection contre les ultraviolets B, rayonnement solaire à l'origine de mélanomes, de pathologies oculaires et d'affaiblissement du système immunitaire [22].

Alors Néandertal mort irradié par les ultraviolets ? L'hypothèse est peu vraisemblable en fait, puisque les premiers Européens, ancêtres des néandertaliens présents en Europe, avaient déjà subi il y a 780 000 ans les effets d'une autre inversion transitoire du champ magnétique terrestre et y ont survécu. Pour intéressante qu'elle soit, la proposition de l'influence des rayons cosmiques sur la disparition des néandertaliens a aussi la caractéristique rédhibitoire de ne pouvoir être vérifiée que par une étude épidémiologique du mélanome et des autres conséquences pathologiques liées au rayonnement solaire chez les néandertaliens… Pour l'instant, on voit mal comment on pourrait la mener !

Et si le meurtrier de Néandertal avait été tout simplement le froid ? La transition néandertaliens-sapiens s'est déroulée durant un interglaciaire particulièrement tourmenté : des réchauffements rapides ont été suivis de refroidissements rapides – les événements de Dansgaard-Oeschger –, eux-mêmes accompagnés d'élévations rapides de l'océan mondial suite à de massives fontes glaciaires – les événements de Heinrich. Ce véritable yo-yo climatique a dû être rude pour les néandertaliens ou les sapiens : régulièrement, les grands froids revenaient en quelques dizaines d'années et exigeaient d'eux une adaptation accélérée au changement de température et de faune. Les animaux, et en particulier les ongulés, proies des néandertaliens, se dispersaient ou migraient, de sorte qu'on observe, dans certaines régions, une diminution de la diversité des espèces [23]. Les populations néandertaliennes en ont forcément pâti, puisque la macrofaune représentait leur principal garde-manger.

Les volcans ont-ils pu aussi contribuer à achever les néandertaliens ? Nous savons que la période qui nous intéresse a été marquée par des événements volcaniques sur un espace s'étendant de l'Italie à l'Europe centrale [24]. Nul doute que la pollution atmosphérique qui les a accompagnés n'a pu qu'empirer les effets de la rudesse climatique. Les chutes de cendres volcaniques ont parfois représenté plusieurs dizaines de centimètres d'épaisseur sur des centaines de milliers de kilomètres carrés ! Ce genre de neige volcanique a dû avoir des années durant des effets délétères sur la croissance des végétaux, et par là sur la subsistance des grands herbivores. De plus, au sein de chaque niche écologique, une détérioration des conditions climatiques entraîne une compétition accrue entre prédateurs. Or les sapiens et les néandertaliens occupaient la même niche…

Est-ce que, comme cela a été suggéré [25], Sapiens aurait été aidé dans cette compétition par la domestication du loup ? Cette domestication aurait donné un avantage décisif aux sapiens à la chasse : en aidant l'homme à trouver, ramener et transporter le gibier (ainsi que du matériel), le loup/chien aurait permis à Sapiens d'économiser son énergie. En outre, la quantité accrue de viande que les chasseurs sapiens accompagnés de chiens ramenaient (on parle d'un accroissement de 40 %) permettait à l'ensemble du clan de mieux se nourrir, donc d'être moins vulnérable aux maladies, d'augmenter sa longévité et d'être plus fertile (il y a un rapport entre nourriture et fertilité [26]). Cela aurait fait diminuer la mortalité infantile et adulte, de sorte que des enfants vivant plus longtemps auraient ainsi profité de l'expérience d'anciens... La liste des avantages dont aurait bénéficié Sapiens grâce à son précieux allié quadrupède était déjà longue au Paléolithique...

Affronter la question de l'intelligence de Néandertal

Après avoir égrené une série de causes externes, envisageons maintenant les possibles causes internes, celles qui sont peut-être venues de l'intérieur de la société néandertalienne, voire de la biologie de Néandertal. Nombre de passages de ce livre sont des attaques contre les vieux clichés faisant de Néandertal un être brutal et peu intelligent. Pour autant, nous n'avons pas affronté en face la question de sa possible infériorité cognitive. Plus bêtes que nos ancêtres sapiens, les néandertaliens ?

Le cerveau de Néandertal était de grande taille et semble même avoir été parfois plus gros que celui de Sapiens. Toutefois, fonctionnait-il comme le nôtre ? Non ! Et ce, selon certains chercheurs, pour une simple raison biologique : les néandertaliens voyaient tellement mieux. Merci de ne pas sourire : supposant une relation entre la taille des cavités orbitaires et celle du cerveau de treize néandertaliens, des chercheurs originaux ont calculé le volume cérébral encore disponible selon eux pour les tâches cognitives [27]. Et de conclure que les néandertaliens utilisaient davantage les ressources de leurs cerveaux pour contrôler leurs gros corps et leurs mouvements. Bref, ces grosses têtes auraient été bêtes, parce qu'elles avaient de gros yeux et auraient disposé de moins de ressources cognitives pour faire passer leur expérience et pour communiquer...

La faiblesse de ces considérations est toujours la même : elles procèdent d'une pensée linéaire : gros cerveau implique grosse intelligence, gros poids implique grande force, etc. Moindre volume cérébral signifierait donc une moindre capacité cognitive et les gros yeux aggraveraient la chose en diminuant le volume cérébral disponible pour penser.

De nos jours, l'équation « plus de cerveau = plus de cognition » semble plus qu'illusoire et l'on considère plutôt que c'est dans l'organisation du cerveau que s'exprime le niveau de cognition atteint par un individu (ce qui se voit dans le fait que nombre de grands esprits célèbres, tel Descartes, n'avaient pas de grosses têtes, mais des petites…). À propos d'organisations cérébrales, des résultats récents apportent des éléments intéressants : l'équipe qui les a obtenus a réalisé des moulages endocrâniens virtuels à l'aide de scanners tomographiques à haute résolution de nouveau-nés et d'enfants néandertaliens et sapiens. Il en ressort que le maillage vasculaire externe du cerveau du petit néandertalien serait différent de celui du bébé sapiens, même si les deux types de cerveau sont de tailles comparables à la naissance. Bien entendu, cette intéressante constatation ne permet aucune déduction sur le fonctionnement interne du cerveau ; néanmoins, la vascularisation du cerveau de Néandertal serait moins élaborée que celle du cerveau de Sapiens et cela serait visible dès la fin de la première année de vie du bébé néandertalien [28].

Comment interpréter ces quelques indices sur les capacités cognitives de notre frère Néandertal ? Rappelons que les capacités cognitives sont l'ensemble des processus mentaux tels la mémoire, le langage, le raisonnement, l'apprentissage, la perception, la compréhension, le contrôle des émotions nécessaires aux prises de décision… S'il est possible d'envisager l'existence d'un langage et d'un certain apprentissage technique (*cf.* chapitre 8), comment évaluer la mémoire, le raisonnement, la perception et les émotions des néandertaliens et les comparer à ceux des sapiens anciens ? C'est hors de notre portée.

Dès lors, les études qui, périodiquement, relancent la thèse d'un déclin de Néandertal dû à l'infériorité de sa cognition sont nécessairement fondées sur un parti pris quant aux moyens d'apprécier l'intelligence humaine. L'idée d'une moindre cognition néandertalienne est plausible, mais est-elle testable ? Non. Or les fouilles révèlent des traces de systèmes culturels complexes et de hauts savoir-faire techniques, en tout cas comparables à ceux des sapiens.

C'est pourquoi le soupçon que le manque d'« intelligence » de Néandertal expliquerait son déclin est très probablement spéciocentrique, en d'autres termes induit par le préjugé inconscient que notre espèce est supérieure à toutes les autres. Il est fondé sur l'idée que l'on pourrait appliquer à la préhistoire les hiérarchies entre les intelligences de divers sapiens que nous établissons automatiquement sans avoir conscience de leur origine culturelle, donc de leur lien avec l'époque.

Un sapiens contemporain vivant dans un quotidien saturé d'écrans couverts d'icônes remplaçant ou limitant à un cadre les fonctions les plus élémentaires de la vie mentale (calculer, s'orienter, regarder, etc.) est-il plus intelligent qu'un de ses contemporains, pêcheur de son métier, qui connaît la mer et le poisson ? Est-il plus intelligent qu'un aborigène qui maîtrise le système de parenté de son ethnie, l'un des plus compliqués du monde ? Est-il plus intelligent que ne l'était un chasseur arctique du XIXe siècle qui parvenait à nourrir sa famille grâce à cent savoir-faire, tous d'une technicité dépassant de très loin ce dont est capable le premier bricoleur occidental venu ? Non, mais l'échelle de l'intelligence présente à l'esprit des Occidentaux tendra pourtant à placer tout en haut l'employé de bureau à l'aise avec écrans, icônes, SMS et toutes les techniques actuelles de communication virtuelle.

Pour les auteurs de ce livre, si on définit l'intelligence comme l'aptitude à s'adapter à une situation (l'une des définitions du *Larousse*) et à choisir les moyens d'action appropriés en fonction des circonstances, il ne fait aucun doute que Néandertal, notre frère, était bien intelligent. En outre, rien n'indique que les néandertaliens aient été moins intelligents que les sapiens de leur époque. Avant de rencontrer les sapiens, des gens probablement maladroits et désemparés dans le climat européen, ils avaient survécu admirablement longtemps dans un environnement plus difficile que celui dont provenaient les sapiens. L'environnement européen, en soumettant la lignée néandertalienne à davantage de problèmes de survie, a pu en fait rendre Néandertal extrêmement intelligent. Toutefois, l'intelligence individuelle n'est pas un phénomène linéaire : elle n'est pas proportionnelle au volume cérébral, à la quantité de liens sociaux que peut avoir un individu ou encore à la difficulté de son environnement. Pas si simple !

Alors, quelle autre cause interne a pu précipiter la chute de notre frère ? Sa faible fécondité ? C'est envisageable si l'on observe que les populations néandertaliennes ont toujours eu de très faibles effectifs et de très faibles taux de croissance. Nous ignorons tout de la fécondité des premiers sapiens hors d'Afrique. Pour autant, il semble bien que quelque chose s'est produit qui l'a augmentée une fois ceux-ci sortis d'Afrique, à moins que cela ne se soit produit en Afrique (ce qui expliquerait leur expansion). Quoi qu'il en soit, ce phénomène énigmatique (biologique, économique, social,...) a enclenché une lente croissance démographique dès l'Aurignacien (38 000 à 28 000 avant le présent), ce qui, en Europe, s'est traduit par un accroissement de population tout à fait perceptible dès l'époque gravettienne, donc à partir de 28 000 ans. Face à Néandertal, Sapiens avait pour lui l'arme démographique [29].

Est-ce que les mâles néandertaliens auraient été particulièrement peu aptes à la reproduction (nous y reviendrons au chapitre 10) ? Pourquoi Néandertal n'a-t-il jamais vu ses effectifs croître ? Une sorte de malédiction biologique l'a-t-elle empêché ? Parmi les hypothèses soulevées allant dans ce sens, il y a celle d'une maturité sexuelle précoce, qui aurait entraîné un apprentissage moins long, donc une moindre transmission des connaissances entre générations [30]. Les chances de survie des clans auraient chuté d'autant. Bien que pertinent, ce raisonnement n'est confirmé par aucune donnée fiable. Les squelettes néandertaliens et la lecture de ces enregistreurs d'histoire de vie que sont les dents ont prouvé que les néandertaliens atteignaient la puberté plusieurs années avant les sapiens actuels (en moyenne 11,5 ans chez les filles et 12,5 ans chez les garçons) [31]. L'arrivée à la puberté entraînant le début de la reproduction, il est clair que le temps d'apprentissage de l'enfant néandertalien en était réduit. Toutefois, ces déductions s'appliquent *a priori* autant à la longue période pendant laquelle les fragiles populations néandertaliennes se sont maintenues, qu'à celle où elles ont lentement disparu. Ce point semble donc davantage être un élément à prendre en compte pour apprécier la fragilité des néandertaliens, qu'une cause suffisante d'extinction. Du reste, ce raisonnement n'est effectif que si l'on suppose que l'âge de la maturité sexuelle des premiers sapiens européens qui vivaient pendant la transition néandertalien-sapiens était le même que celui des sapiens actuel. Cela n'a rien d'évident !

Si on envisage que l'âge de la maturité sexuelle de ces sapiens européens était comparable à l'âge de la maturité sexuelle chez les néandertaliens, il semble donc plus plausible d'envisager une plus grande mortalité infantile et un accouchement rendu difficile par le jeune âge des nouvelles mères néandertaliennes. On sait les conséquences pour la survie des bébés d'une naissance précoce. Il est clair qu'au sein de populations à faible effectif, la multiplication de bébés prématurés ne peut qu'avoir des conséquences démographiques négatives.

Cependant, même si cette hypothèse est plausible, rien dans l'étude des squelettes de néandertaliennes n'indique qu'elles auraient eu une mise bas difficile. Alors pour quelle raison supposer qu'un facteur inconnu aurait déclenché une différence juste pour la transition néandertaliens-sapiens ? Et si cela avait été le contraire ? C'est ce que tend à prouver une étude du bassin des femmes néandertaliennes [32] qui suggère qu'elles auraient accouché plus facilement que leurs sœurs sapiens. Cette étude anatomique poussée a mis en évidence que la mécanique de l'accouchement aurait été différente chez les néandertaliennes, notamment parce que la rotation du nouveau-né au moment de la parturition aurait été plus facile, si du moins la relaxation hormonale des ligaments au moment de la parturition était la même que chez Sapiens… Rien de très certain dans tout cela, mais il n'en demeure pas moins de bon sens qu'étant donné la largeur du bassin néandertalien, les femmes ont dû avoir des accouchements plus aisés.

Tradition versus Innovation

Avouons que les raisons biologiques d'extinction sont peu convaincantes et mal étayées par le registre fossile. Tournons-nous donc vers les causes internes culturelles. Des différences notables ont dû exister entre les cultures néandertaliennes et les cultures sapiens. La structure familiale pourrait-elle avoir désavantagé les néandertaliens au profit des sapiens ?

A priori, les néandertaliens vivaient au sein d'une structure familiale élargie (un clan) ; les sapiens de l'époque de la transition néandertaliens-sapiens, de leur côté, pourraient avoir déjà vécu au sein de plus grands groupes. Les clans néandertaliens auraient-ils pu être moins bien armés démographiquement pour répondre aux besoins d'innovation exigés par la concurrence avec les clans sapiens ? On sait en effet que la préservation des traditions techniques est meilleure dans les groupes humains de grande taille, tandis que les innovations y sont beaucoup plus fréquentes (*cf.* chapitre 7). Dans un petit groupe livré à lui-même, on maintient les traditions avec rigidité pour survivre et l'on évite d'innover pour la même raison, car la nouveauté peut être dangereuse si elle s'avère inefficace ou si elle demande un nouvel apprentissage intempestif étant donné les urgences de la survie. Ainsi, suivant cette thèse, les faibles liens sociaux entre néandertaliens auraient entraîné leur disparition. L'extinction des néandertaliens serait avant tout un phénomène social.

Cependant, il est clair que si les liens sociaux avaient été insuffisants pour la survie des clans, comment les néandertaliens et leurs ancêtres directs auraient-ils pu traverser plus de 450 000 ans et plusieurs glaciations ? Cette survie des clans prénéandertaliens et néandertaliens peu nombreux implique au contraire de très forts liens sociaux intraclaniques, même si ces liens différaient probablement des nôtres. Pendant l'Antiquité romaine, les prédécesseurs des Inuits en Arctique avaient sans doute des liens sociaux moins divers et moins complexes que, disons, Cicéron ou Sénèque. Ce qui n'a pas empêché le premier de mourir assassiné, et le second de se suicider sur ordre de l'empereur Néron. En définitive, Cicéron et Sénèque sont tous deux morts à cause de leurs liens sociaux. Il est envisageable aussi qu'un paléo esquimau ait pu être assassiné ou se soit suicidé, mais une chose est certaine : sans le lien le reliant à un groupe paléo esquimau, il ne passait pas l'hiver, problème que Cicéron n'avait pas…

Bref, proportionner la survie à la quantité de liens sociaux, elle-même proportionnelle au volume cérébral nécessaire pour les entretenir est un raisonnement problématique, puisque la survie semble dépendre aussi du type de vie sociale pratiquée. Si la quantité de liens sociaux est un paramètre significatif, leur qualité l'est encore plus et qui sait la qualité des liens familiaux et affectifs que les néandertaliens entretenaient entre eux et entre clans ? On sait par exemple qu'ils prenaient soin des individus âgés et des handicapés (*cf.* chapitre 6) ; on sait aussi que les néandertaliens risquaient souvent leur vie pour leur clan afin de tuer des proies extrêmement dangereuses…

La femme est l'avenir de l'homme de… Cro-Magnon

Néanmoins, nous nous faisons peut-être des illusions, puisque plusieurs études accréditent l'idée que les néandertaliens n'avaient pas les capacités cognitives nécessaires à une vie sociale riche ! L'organisation sociale des sociétés néandertaliennes a-t-elle pu les desservir ? Il se pourrait en particulier que la répartition des tâches au sein des clans sapiens leur ait procuré des avantages énormes.

Une certaine ironie s'attache à ce point de la discussion, car, aujourd'hui, au sein de la société occidentale, la division du travail entre une série de tâches plus particulièrement féminines et une série de tâches plus particulièrement masculines passe, selon les points de vue, pour une injustice à l'égard des femmes (servilité dans le travail domestique, gâchis de talents, rôle social limité, etc.) ou des hommes (moindre temps familial, responsabilités financières non partagées, charges guerrières, etc.). Et si c'était justement dans une telle division des tâches que résidait l'origine de la force de Sapiens [33] ? Que dire si l'idée que les femmes devaient rester à la grotte (à la maison), y assurer les tâches de cueillette (faire le marché), de transformation des aliments (cuisine), de production des vêtements (repriser les vêtements, les laver), de soin aux enfants (aujourd'hui, les « nouveaux papas » sont censés être aussi de très bonnes « mères ») et de protection des stocks (garder le patrimoine familial) était vue en anthropologie comme aussi pertinente et correcte qu'elle est politiquement incorrecte aujourd'hui ? Adopter cette vision nécessiterait d'admettre que le rôle féminin traditionnel, qui passe quasiment pour servile aux yeux de nos contemporains, aurait constitué l'avantage adaptatif décisif des sapiens paléolithiques…

L'hypothèse d'une absence de répartition des tâches chez les néandertaliens n'est cependant qu'un *a priori*. L'observation des chasseurs-cueilleurs actuels ou subactuels suggère au contraire que de telles répartitions ont dû exister au sein des sociétés néandertaliennes, même si, peut-être, les néandertaliennes chassaient aussi. En effet, on observe chez les chasseurs-cueilleurs sapiens actuels que les hommes chassent le gros gibier tandis qu'il arrive que les femmes et les enfants chassent le petit gibier et s'occupent de la récolte des végétaux. Le plus souvent, les femmes et les enfants ne participent pas à toutes les activités de la chasse, tout particulièrement à la mise à mort.

De fait, comme l'a souligné l'anthropologue Alain Testart, les sociétés de chasseurs-cueilleurs semblent avoir légué à l'humanité un tabou universel : les femmes ne répandent pas le sang. S'agit-il aussi d'un trait social caractérisant les néandertaliennes ? On ne peut en jurer, mais penser néanmoins que les néandertaliennes étaient des humaines comme les autres et que la culture les a autant façonnées qu'elle a façonné les femmes sapiens.

De la viande et encore de la viande… humaine !

Une autre explication culturelle de l'extinction serait la trop grande dépendance des néandertaliens à la viande. Ne pouvant subsister qu'en consommant des mammifères, et surtout des gros, les clans néandertaliens auraient subi des famines chaque fois que leurs chasses auraient été insuffisantes. Les sapiens, au contraire, mangeant toutes sortes de petites proies et s'alimentant de façon plus omnivore et diversifiée auraient mieux traversé les périodes sans viande. Très carnée et donc plus aléatoire, moins vitaminée et moins variée, l'alimentation de Néandertal aurait en outre limité sa croissance et ses capacités de développement.

Ainsi, les néandertaliens se seraient tués en ne pouvant manger que de la chair de gros animaux… Un peu douteux. Nous avons déjà évoqué que les recherches récentes montrent au contraire que les néandertaliens ne négligeaient pas les petites proies, qu'il s'agisse d'oiseaux, de poissons ou de petits mammifères (les habitants des bords de mer mangeaient aussi des coquillages). Sans doute mangeaient-ils aussi des limaces et déterraient-ils des racines. En bref, leur nourriture variait suivant le lieu où ils vivaient (*cf.* chapitres 5 et 6) ! On a peine à croire que des néandertaliens souffrant de la famine se seraient privés de manger des grenouilles ou des escargots comme les Français dont la curieuse habitude provient peut-être de la solution trouvée par des ancêtres à quelque ancienne famine !

Une curieuse variante de cette hypothèse est que les néandertaliens auraient eu une grande appétence pour la chair humaine (*cf.* chapitre 5), de sorte qu'ils auraient souvent consommé des cerveaux humains [34], un aliment hautement dangereux. En effet, pareille « nourriture » peut entraîner une encéphalopathie spongiforme, cette maladie liée à l'accumulation dans le cerveau de certaines protéines (les prions), dont nous avons découvert avec horreur au cours des années 1990 qu'en consommant des bovins infectés nous pouvions aussi l'attraper… Cette maladie mortelle entraînant une lente dégénérescence du système nerveux, nos frères néandertaliens auraient souvent été malades parce qu'ils étaient anthropophages et cela les aurait rendus encore plus vulnérables face aux sapiens… Un raisonnement qui se tient, mais qui est peu convaincant dans la mesure où rien n'indique que les sapiens archaïques peu nombreux qui immigrèrent en Eurasie n'étaient pas cannibales au même degré que les néandertaliens.

Après tout, de nombreuses preuves d'une anthropophagie sapiens préhistorique existent aussi…

Que conclure de cette recherche des causes externes et internes de l'extinction des néandertaliens ? Rien de simple, sinon la confirmation que le processus qui a conduit à l'extinction n'a pu qu'être multifactoriel. Il est clair que ce processus s'est amplifié suite à l'intrusion des sapiens dans la niche écologique des néandertaliens. Pour autant, est-il directement lié à Sapiens ? À sa présence, c'est certain, mais à son action directe, c'est peu plausible. Les différences cognitives avancées entre sapiens et néandertaliens ne sont pas prouvées et leurs effets n'ont rien d'évident.

Quant aux causes externes, elles affectaient les sapiens présents en Europe tout autant que les néandertaliens. Humains tropicaux à l'origine, les sapiens souffrirent sans doute davantage des brusques périodes de refroidissement du MIS 3 (57 000 à 29 000 ans). Les populations néandertaliennes auraient pu mal supporter la raréfaction de leurs proies de prédilection ? Possible, mais rien ne le prouve. Les effets perturbateurs sur l'environnement d'une éventuelle grande éruption volcanique n'ont pu qu'être les mêmes sur les deux populations. Il est vrai que la sélection naturelle avait doté les néandertaliens de peaux blanches et d'yeux clairs *a priori* plus fragiles sous les ultraviolets B, mais rien ne permet de conclure que cela a suffi à les éradiquer.

Pour les auteurs de ces lignes, une seule chose est claire : avec l'arrivée de Sapiens en Europe, il y a eu un jour trop d'humains dans la même niche écologique et les interactions complexes qui se sont alors produites ont conduit à la disparition de l'espèce la plus fragile démographiquement. Enfin, si cette disparition a bien eu lieu…

Figure 10-1 : les clans sapiens en expansion ont sans doute régulièrement envoyé des éclaireurs, qui partaient à la recherche de nouveaux territoires. Rencontraient-ils les clans néandertaliens ? S'y mêlaient-ils ?

10

Et si Néandertal dormait en nous ?

La sélection sexuelle dépend « de l'avantage que certains individus ont sur d'autres de même sexe [...], sous le rapport exclusif de la reproduction. » Charles Darwin [1].

Oncle Urs regarde Oncle fort et guette sa réaction. Il est embêté, mais il doit lui dire.

– Il y a un chasseur errant.

Oncle fort, en train de retailler un couteau, se redresse d'un seul coup.

– Ce sont les enfants qui l'ont vu, lorsqu'ils sont allés chercher de l'eau. Pour une fois, ils ne faisaient pas de bruit et ils l'ont aperçu en train d'observer les chevaux.

– Il faut vraiment qu'il ait faim, pour envisager de tuer un cheval seul. Il a essayé ?

– Non, au bout d'un moment, il a préféré pêcher des écrevisses dans la rivière.

– L'eau est froide ! S'il pêche des écrevisses malgré le froid, c'est qu'il est à bout. Bon, on va l'accueillir. Je vais l'appeler et lui dire qu'une soupe chaude l'attend.

Oncle fort s'empare de ses bâtons tonnerre, et veut commencer à taper, mais Oncle Urs lui saisit le bras.

– Je crois qu'il ne comprend pas la langue des chasseurs.

Oncle fort le regarde, abasourdi.

– Oui, les enfants ont dit aussi qu'il a le front haut. C'est un chasseur errant des clans de l'Est.

Et si Néandertal n'avait pas vraiment disparu ? Et s'il dormait en nous depuis toujours ? L'hypothèse a longtemps paru saugrenue, mais de nombreux indices vont dans son sens. Nombre de paléoanthropologues pensent que *H. neanderthalensis* s'est fondu en nous plutôt que de disparaître. Cette thèse part de l'idée que les néandertaliens et les sapiens auraient été suffisamment proches sur le plan biologique pour être interféconds. En clair, ils auraient pu se croiser et mélanger leurs gènes et Néandertal aurait subi une « disparition par métissage ».

Cette thèse n'est pas nouvelle et sa forme ancienne vaut le détour. La première version de cette idée remonte aux années 1940 et au grand anthropologue allemand Franz Weidenreich qui travaillait aux États-Unis. Pour Weidenreich, les différentes « races » humaines, c'est-à-dire les différentes populations d'*Homo sapiens*, avaient évolué indépendamment les unes des autres dans l'Ancien monde (Afrique et Eurasie) à partir d'une même forme : *Homo erectus*. Plusieurs populations existaient simultanément, mais maintenaient leur proximité grâce à de très importants flux de gènes, de sorte que pour Weidenreich – qui avait dû fuir le nazisme – aucune hiérarchie n'existait entre elles.

Sous l'influence de Carleton Coon, la même idée va se teinter de racisme. Nous avons déjà évoqué ce disciple de Weidenreich au chapitre 3 à propos de son interprétation des traits néandertaliens comme des caractères d'adaptation au froid. Ce darwinien convaincu voulait expliquer les différences physiques entre les populations humaines par des sélections naturelles. Dans son livre de 1962, *The Origin of Races*, Coon proposa l'idée que certaines des populations de l'Ancien Monde n'avaient pas évolué au même rythme, de sorte que certaines avaient atteint le « stade » *Homo sapiens* avant les autres, ce qui corroborait sans doute pour lui des hiérarchies raciales qui lui semblaient, peut-on croire, évidentes...

Ce n'est que dans les années 1980 qu'une théorie « à la Weidenreich », mais enfin débarrassée de tout relent raciste – la théorie multirégionale – réintroduisit l'idée d'un mélange entre les différentes populations de l'Ancien Monde et notamment entre Néandertal et Sapiens [2]. Ardemment défendue par le paléoanthropologue Milford Wolpoff de l'université du Michigan, elle suppose l'existence d'une unique espèce humaine, qui aurait évolué vers *Homo sapiens* partout dans le monde. Ainsi, il y a plus de deux millions d'années, *Homo* serait sorti d'Afrique pour donner les néandertaliens en Europe, *Homo erectus* en Asie (l'homme de Java et l'homme de Pékin) et sans doute d'autres formes locales dans le sous-continent indien ou ailleurs ; en Afrique, l'évolution de ces *Homo* aurait donné les sapiens archaïques. Toutes ces formes humaines, reliées entre elles par des flux génétiques auraient évolué ensuite chacune dans sa région pour donner les sapiens modernes.

La bague aux gros doigts de Néandertal

Puis, au cours des années 1980 et 1990, lorsque les données paléoanthropologiques deviennent plus nombreuses, les datations plus claires et les premières estimations de la diversité de l'ADN mitochondrial des humains actuels connues [3], la théorie multirégionale évolua et devint le « modèle d'assimilation ». Désormais, Wolpoff et ses élèves envisageaient que Sapiens, sortant d'Afrique et se répandant en Eurasie, a rencontré des populations humaines dans toutes les parties de l'Ancien Monde [4]. Celles-ci auraient été assez proches des immigrants sapiens pour se mélanger avec eux. Dans le modèle d'assimilation, les différents types d'hommes modernes seraient les produits de l'union de sapiens sortis d'Afrique avec les formes humaines rencontrées sur leur route. En Europe, cette version du modèle d'assimilation implique que les Européens seraient les descendants à la fois des néandertaliens et des sapiens. Le phénomène se manifesterait sur les formes fossiles de Sapiens par la présence résiduelle d'un grand nombre de traits néandertaliens, dont notamment la présence de cette bosse nucale typiquement néandertalienne que l'on nomme le « chignon néandertalien ».

Dans les années 1980 et 1990, cette vision de l'évolution du rameau humain fut contestée par la majorité des paléoanthropologues européens [5] qui penchaient alors plutôt pour un remplacement brutal des formes anciennes par Sapiens partout dans l'Ancien Monde et en particulier en Europe. Sapiens aurait éjecté sans ménagement Néandertal de sa niche écologique, sans mêler ses gènes aux siens. En 2008, le séquençage de la totalité du génome mitochondrial néandertalien [6] appuya cette opinion, semblant même la confirmer complètement. Contrairement à l'ADN nucléaire, l'ADN mitochondrial est composé d'un seul brin d'ADN. Transmis seulement par les femmes, il constitue un marqueur important dans les reconstitutions phylogénétiques, puisque la présence dans un groupe humain de plusieurs lignées mitochondriales signifie la présence de plusieurs lignées féminines.

Or, après avoir séquencé l'ADN mitochondrial des néandertaliens, les paléogénéticiens constatèrent qu'il était très différent du nôtre. Les lignées mitochondriales de sapiens étaient différentes de celles des néandertaliens. Aucune parenté via les femmes ne nous reliant à des ancêtres néandertaliens, l'hypothèse du remplacement de Néandertal par Sapiens sembla s'imposer.

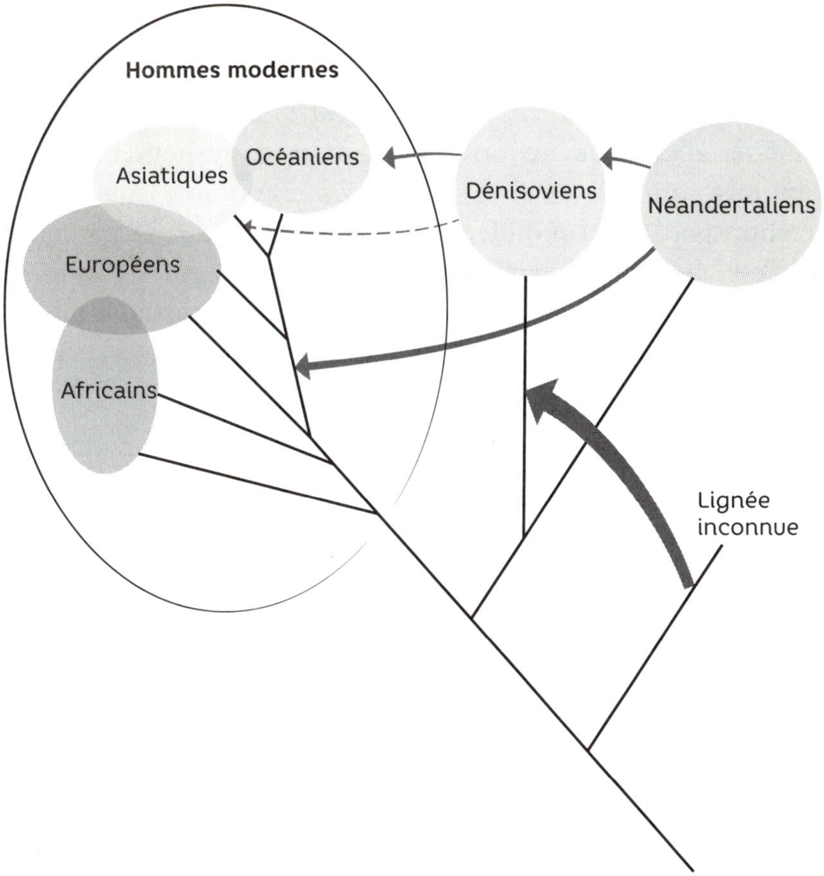

Figure 10-2 : les humains actuels possèdent dans leurs génomes des contributions de plusieurs lignées fossiles, dont au moins celle des néandertaliens et celles des dénisoviens.

Nous avons tous quelque chose de Néandertal

À la grande stupéfaction des paléoanthropologues, tout a changé en 2010 quand fut séquencé 60 % du génome nucléaire néandertalien[7]. Pour sa part, l'ADN intérieur au noyau cellulaire est formé pour moitié par un apport de la mère et pour moitié par un apport du père. Il permet aussi de retracer des lignées masculines dans la mesure où le chromosome sexuel masculin, le chromosome Y, n'est transmis que par les hommes. Or, en comparant 60 % du premier génome néandertalien séquencé avec les parties correspondantes des génomes complets de cinq sapiens contemporains issus de différentes parties du monde, les paléogénéticiens sont parvenus à la conclusion que les Européens et les Asiatiques partagent entre 1 et 4 % de leur ADN nucléaire avec les néandertaliens. Pour leur part, les Africains ne partagent aucun ADN nucléaire avec Néandertal. Ces premiers travaux furent confirmés par d'autres, plus récents [8], qui montrent que les habitants de l'Eurasie partagent pas moins de 20 % du leur avec Néandertal, même si chacun d'eux en a moins de 3 % dans ses gènes (*cf.* figure 10-2). Un métissage entre sapiens et néandertaliens a bien eu lieu !

Un amour passager

Quand et où Néandertal et Sapiens se sont-ils rencontrés ? Un premier contingent peu nombreux de sapiens se serait mêlé aux néandertaliens une première fois après avoir quitté l'Afrique. Selon les calculs des paléogénéticiens, ce « premier » mélange pourrait avoir eu lieu au Proche-Orient, il y a environ 100 000 ans (*cf.* chapitre 9). Cette hypothèse est soutenue par les découvertes fossiles dans le couloir levantin, puisqu'une présence sapiens est attestée à cette époque sur les sites de Skuhl et de Qafzeh en Israël, associée à des assemblages lithiques moustériens. Ces hommes modernes viennent occuper un territoire dans lequel vivaient des néandertaliens depuis des dizaines de milliers d'années, puisque dans la grotte de Tabun a été trouvé un individu néandertalien datant d'il y a 120 000 ans. Ce raisonnement est aussi conforté par les résultats d'une étude génétique. Des chercheurs de l'Institut Max Planck d'anthropologie évolutionniste de Leipzig et d'autres organismes, selon laquelle les néandertaliens de l'Altaï (en Sibérie et en Mongolie) se sont métissés, il y a plus de 100 000 ans, avec des sapiens archaïques [9].

D'où viennent les premiers sapiens au Proche-Orient ? Si des sapiens sont connus en Afrique de l'Est et/ou du Sud par de nombreux fossiles (Florisbad, Klasies River, Omo…) dont les plus anciens ont au moins 280 000 ans [10], ils ne pratiquaient pas la taille moustérienne. En revanche, les rares fossiles d'Afrique du Nord connus – ceux des fossiles du Djébel Ihroud au Maroc (environ 280 000 ans) [11] et de Haua Fteah en Libye (50 000) – ont été retrouvés avec des outils moustériens. Pour nous renseigner sur les premiers sapiens au Proche-Orient, il semble donc qu'il faudrait rechercher en priorité des sites sapiens anciens (d'âge comparable à ceux de Qafzeh et Skhul) en Afrique du Nord, tout particulièrement en Libye et en Égypte. À moins que par propagation culturelle, des sapiens originaires d'Afrique de l'Est ne se soient mis à la mode moustérienne en arrivant au Proche-Orient ?

Toutefois, l'est de la Méditerranée n'a pas été le seul lieu de mélange des espèces sœurs Néandertal et Sapiens. En 2014, le séquençage de deux fossiles de sapiens anciens a suggéré qu'un autre métissage a pu avoir lieu au nord de l'Asie. L'un des génomes appartenait à l'« homme d'Ust'-Ishim », un individu qui vécut il y a 45 000 ans en Sibérie occidentale, que l'on ne connaît qu'à travers un fragment de son fémur retrouvé fortuitement en 2008 sur les bords d'une rivière. Le séquençage [12] de l'ADN de ce contemporain des derniers néandertaliens européens a révélé qu'il était déjà métissé avec Néandertal, puisque environ 2 % de ses gènes sont néandertaliens. Les paléogénéticiens ont estimé que ce métissage s'était déroulé de 7 000 à 13 000 ans avant la mort de l'homme d'Ust-Ishim, c'est-à-dire entre 58 000 et 52 000 ans.

Or c'est justement à cette tranche temporelle qu'appartient le fossile de Manot [13] découvert par hasard en 2008 dans la grotte du même nom en Israël. Indubitablement sapiens, ce crâne a les traits anatomiques auxquels on s'attend chez un hybride Néandertal-Sapiens. Sa forme est en effet très proche de celle observée sur les fossiles des sapiens qui ont vécu en Europe entre 30 000 et 20 000 ans au MIS 2 (29 000 à 14 000 ans) [Mladeč 1 ou Předmostí 4 découverts en République tchèque] sur lesquels repose le modèle d'assimilation. Comme sur ces derniers, le fossile de Manot exhibe un chignon néandertalien.

De là l'idée que Néandertal et Sapiens se sont non seulement rencontrés au Proche-Orient vers 100 000 ans, mais aussi en Eurasie à mesure que les sapiens avançaient vers le nord. Cette deuxième phase de métissage aurait duré jusque vers 45 000 ans. Plus enracinée dans le génome sapiens, car plus durable, elle aurait notamment engendré des populations ayant ensuite investi l'Europe par le Nord.

Ce probable deuxième métissage des deux espèces est visible dans le génome du fossile de Kostenki 14, un sapiens qui vécut dans ce qui est aujourd'hui la Russie il y a environ 37 000 ans. Après celui d'Ust-Ishim, cet ADN qui a été retrouvé dans son tibia gauche [14] est le plus ancien ADN sapiens jamais séquencé. Or lui aussi contient un petit pourcentage d'ADN néandertalien, ce qui confirme que dans l'Asie d'il y a environ 54 000 ans, un croisement entre Sapiens et Néandertal s'était déjà produit. Soulignons que la petitesse des pourcentages de gènes néandertaliens indique la faiblesse du mélange Néandertal-Sapiens, ce qui n'a rien de surprenant étant donné la modestie des effectifs néandertaliens, tout particulièrement dans les zones périphériques de l'aire néandertalienne.

Frère de sang ?

Sapiens et Néandertal ont donc mêlé leurs gènes au Proche-Orient, puis à mesure que les hommes modernes remontaient vers le nord. Et en Europe ? Selon toute vraisemblance, un mélange a dû se produire aussi au moment de l'arrivée de Sapiens sur le sol européen, il y a environ 43 500 ans [15]. Les vestiges connus le confirment-ils ? Existe-t-il dans le registre fossile des individus possédant des morphologies hybrides ? C'est ce que tentent de montrer les partisans de la théorie multirégionale depuis plusieurs décennies en recherchant des traits néandertaliens dans les plus anciens fossiles sapiens mis au jour sur le sol européen.

Les paléoanthropologues en question [16] se sont particulièrement concentrés sur l'étude de la région de la nuque et sur la face. Hélas pour eux, aucune de leurs minutieuses recherches n'a permis d'établir un lien de filiation certain entre les néandertaliens et les sapiens, soit parce que les fossiles qu'ils ont scrutés étaient mal datés, soit parce qu'ils étaient trop fragmentaires. C'est par exemple le cas pour les néandertaliens tardifs de Vindija en Croatie [17]. En 1999, on découvrit au Portugal le squelette du fossile de Lagar Vehjo, celui d'un enfant mort vers l'âge de 4 ans, qui aurait été volontairement inhumé il y a environ 25 000 ans, donc très longtemps après la disparition des néandertaliens [18]. Or le mélange de traits sapiens et néandertaliens qu'il portait suggère qu'il aurait été le descendant d'une population d'hybrides Néandertal-Sapiens. Cette hypothèse a été violemment critiquée [19], ce qui a entraîné de longues polémiques [20].

De même, le fossile Oase 1 découvert fortuitement en 2002 par des spéléologues dans le système karstique de Peştera cu Oase en Roumanie présentait lui aussi un mélange de traits sapiens et néandertaliens [21]. Ce fossile daté d'environ

Figure 10-3 : vague après vague, les sapiens deviennent de plus en plus nombreux, de sorte qu'ils ne se contentent plus d'occuper les territoires vides, mais pénètrent dans ceux des néandertaliens. Les conditions de vie de l'habitat européen changent alors, et les néandertaliens ont de plus en plus de mal à y pratiquer leur mode de vie traditionnel.

37 800 ans, pourrait être un hybride Néandertal-Sapiens, mais en l'absence de pierres taillées ou d'autres éléments de contexte culturel, rien n'avait permis de le conclure.

En 2013, la réalité d'un métissage Néandertal-Sapiens tardif sur le sol européen a finalement pu être quasi démontrée par une équipe dont Silvana faisait partie. Ses spécialistes de la datation, ses paléogénéticiens et ses préhistoriens ont repris l'étude d'un fragment de mandibule trouvé dans l'abri de Mezzena en Vénétie. Ce fossile trouvé dans des couches datées de façon très fiable autour de 42 000 ans [22] était réputé néandertalien, car il a été découvert en 1957 dans une strate pleine d'outils moustériens. L'individu de Mezzena peut-il être attribué aux derniers néandertaliens contemporains des premiers Sapiens en Europe, notamment en Italie [23] ? En Europe, les niveaux moustériens sont en tout cas toujours associés aux néandertaliens… En fait oui, car l'ADN mitochondrial de la mandibule a pu être extrait et il s'est avéré néandertalien, ce qui confirme cette attribution [24].

Si la mère de l'individu de la Mezzena était bien néandertalienne, son père l'était-il ? Les chercheurs en doutaient, car la forme du fragment de mandibule les surprenait. Les néandertaliens, rappelons-le, avaient un menton fuyant. Or l'individu dont un fragment de mandibule s'est retrouvé à Mezzena semblait avoir un menton osseux typiquement sapiens. Ce fait aurait pu passer pour une anomalie sans signification particulière, si la même protubérance mentonnière n'avait été retrouvée sur d'autres fossiles de néandertaliens tardifs européens (notamment ceux de Spy en Belgique, de La Ferrassie en Dordogne, de Las Palomas en Espagne et de Saint-Césaire en Charente). Pour essayer d'acquérir une quasi-certitude de mélange, Silvana et ses collègues se sont livrés à une comparaison statistique des traits morphologiques de la mandibule de Mezzena avec ceux des mandibules de groupes représentatifs des néandertaliens et des Sapiens. Il en ressort que d'un point de vue statistique, le menton de la mandibule de Mezzena est bien sapiens.

Deux interprétations étaient possibles : soit l'individu de Mezzena était issu d'une lignée néandertalienne « à mentons », soit le père ou un ascendant masculin de l'individu était sapiens. La première interprétation paraît fausse dans la mesure où aucune lignée archaïque ou néandertalienne à menton n'a jamais été repérée en Europe de l'Ouest. La seconde interprétation semble plus crédible, d'autant plus que l'abri de Mezzena était proche de sites sapiens de la région. Conclusion ? L'individu de Mezzena était vraisemblablement un hybride Néandertal-Sapiens.

Chose étonnante, un travail récent de génétique [25] montre que si le chromosome Y de Sapiens permet des hybridations femmes néandertaliennes-hommes sapiens, le chromosome Y néandertalien semble l'interdire dans l'autre sens. En d'autres termes, les unions homme néandertalien-femme sapiens étaient quasi infécondes au contraire des unions femme néandertalienne-homme sapiens. Le cas du fossile de Mezzena, avec son ADN mitochondrial néandertalien et son menton sapiens, confirme cette étonnante loi de l'hybridation Néandertal-Sapiens (*cf.* encadré « Des unions hommes néandertaliens/femmes sapiens pas pour une descendance »).

Aujourd'hui, l'hypothèse que les néandertaliens et les sapiens se sont mélangés sur le sol européen est devenue une certitude. En 2015, l'ADN encore contenu dans la mandibule Oase 1 que nous évoquions plus haut a pu être séquencé et il s'avère qu'il s'agit bien de celui d'un métis Néandertal-Sapiens. Mieux, Oase 1 avait de 6 à 8 % de gènes néandertaliens, ce qui est énorme ! Il a un aïeul néandertalien, qui a vécu quatre à six générations avant lui, et qui pourrait avoir été son arrière-arrière-grand-père… Que des métissages néandertaliens-sapiens tardif ont bien eu lieu sur le sol européen est également désormais une certitude.

Du reste, le fait que des néandertaliens moustériens ont disparu tardivement en Europe est corroboré par les dates de 26 sites européens publiées en août 2014 [26]. Chapeautés par Tom Higham de l'université d'Oxford, une cinquantaine d'auteurs ont appliqué les méthodes de datation les plus avancées actuellement – la datation radiocarbone par spectrométrie de masse par accélérateur avec correction par modélisation bayésienne – aux fossiles découverts sur des sites néandertaliens situés entre l'Espagne et la Russie. Leurs âges, qui peuvent être considérés comme les plus fiables que nous avons à ce jour, suggèrent que l'extinction des néandertaliens taillant la pierre suivant les techniques moustériennes s'est achevée il y a quelque 42 000 ans. Selon ces chercheurs, la rencontre se serait déroulée dans une fenêtre temporelle de 2 500 à 5 000 ans pendant laquelle une mosaïque de populations aurait existé en Europe. Il semble donc de plus en plus probable que la rencontre, le métissage entre les sapiens et les néandertaliens et la disparition de ces derniers se sont déroulés en moins de 20 000 ans, entre 60 000 et 40 000 ans. Les sapiens qui pénétrèrent en Europe à partir d'il y a environ 43 500 ans étaient déjà le produit de plusieurs hybridations Néandertal-Sapiens au Proche-Orient et en Asie occidentale.

Finalement, pourquoi Néandertal a-t-il disparu ?

Alors nos frères néandertaliens ont-ils disparu en se fondant dans la masse sapiens ? À ce stade des recherches, cette explication est pour le moins plausible, puisque nous savons que les ancêtres des habitants de l'Eurasie comptent des néandertaliens. Les premiers sapiens en Europe il y a quelque 40 000 ans résultaient déjà de plusieurs hybridations Néandertal-Sapiens au Proche-Orient et en Asie occidentale. Pour les auteurs de ce livre, la question de la disparition des néandertaliens est donc en passe d'être clarifiée, même si le débat n'est pas clos : pour nous, les néandertaliens ont disparu pour diverses raisons, dont une, essentielle, est tout simplement qu'ils se sont progressivement dissous au sein de la masse sapiens en s'y mélangeant. Soulignons que ce mélange n'était pas favorable à Néandertal car il semble que son chromosome Y provoquait des rejets immunitaires des fœtus portés par les femmes sapiens ; à l'inverse, les chromosomes Y sapiens ne provoquaient pas de tels rejets des bébés portés par les femmes néandertaliennes [27]. Résultat : les hommes néandertaliens ne pouvaient renforcer leur clan en y incorporant des femmes sapiens, tandis que les hommes sapiens pouvaient renforcer le leur en y adjoignant des néandertaliennes ! (*cf.* encadré p. 219). Nous en saurons évidemment plus chaque fois qu'un nouvel hybride néandertalien-sapiens sera découvert et d'autres analyses plus fines de gènes sur le chromosome Y néandertalien effectuées.

Alors, résumons une dernière fois la problématique de la disparition de notre frère Néandertal telle que nous la comprenons aujourd'hui. Nous avons déjà évoqué la fragmentation du territoire néandertalien, le faible effectif de la population néandertalienne et les probables répercussions que cette faible démographie a pu avoir sur la survie et sur les capacités d'innovation des néandertaliens. Il est fort probable que les sapiens arrivant sur le territoire européen ont occupé d'abord les espaces laissés vacants par les néandertaliens. Puis, lors de leurs rencontres, si des épisodes violents ne peuvent être ni exclus, ni prouvés, il est fort probable que le plus souvent des interactions mutuellement bénéfiques ont eu lieu. Ces échanges biologiques et culturels peuvent être perçus par les changements que nous avons décrits s'agissant des néandertaliens moustériens tardifs. Ce n'est pas vraiment Néandertal qui a disparu, mais plutôt son phénotype (son apparence physique) et sa culture.

Pourquoi Sapiens a réussi

Dès lors, il faut se demander ce qui explique le succès de *H. sapiens,* c'est-à-dire le fait qu'en quelques millénaires seulement (en 5 000 ans au maximum), il a remplacé les néandertaliens en Europe ? Dès 1989, des préhistoriens ont suggéré qu'un avantage reproductif, même très faible, des sapiens, pouvait avoir suffi à entraîner la disparition des néandertaliens [28] en un très court laps de temps. La multiplication des sapiens ne s'est jamais arrêtée depuis… Ainsi, si une différence fondamentale entre néandertaliens et sapiens doit être soulignée, c'est bien sur ce point, puisque toutes les données paléogénétiques et paléodémographiques suggèrent des populations néandertaliennes à très faible effectif. Leur densité n'a en effet jamais excédé 0,02 habitant au kilomètre carré. En revanche, même si nous n'avons pas de données tangibles, la densité de la première culture sapiens en Europe – la culture aurignacienne (43 000 à 28 000 ans) – donne à penser que sa population était bien plus nombreuse que la population néandertalienne moustérienne, qui l'a précédée. Et l'augmentation démographique amorcée à l'Aurignacien va continuer. Environ 15 000 ans après l'arrivée des premiers sapiens sur le sol européen, les gravettiens – une culture postérieure aux néandertaliens apparue en Europe de l'Ouest vers 31 000 ans et qui disparaît vers 22 000 ans – sont au moins dix fois plus nombreux que les néandertaliens ne l'ont jamais été. À partir du recensement des sites gravettiens, on estime en effet que l'Europe occidentale et centrale recélait environ 0,5 gravettien par kilomètre carré.

Bien que nous ignorions les densités démographiques des premières populations sapiens hors de l'Europe, il est clair que leur expansion territoriale n'a pu être possible sans des dynamiques démographique et économique qui, à l'échelle temporelle de l'enregistrement fossile, sont considérables. Le séquençage des gènes de deux anciens *H. sapiens* confirme qu'un mélange Néandertal-Sapiens a eu lieu hors d'Europe bien avant l'arrivée sur le territoire européen.

Le remplacement des néandertaliens par des sapiens serait en réalité un remplacement progressif des néandertaliens par des sapiens ayant déjà entretenu des contacts avec d'autres néandertaliens, originaires d'Eurasie. On peut supposer que, dans un premier temps, l'effectif de la population des néandertaliens européens toujours fragmentée et déjà sur le déclin a pu simplement être ébranlé par l'arrivée de sapiens, puis se sera mis à diminuer sous l'effet de la sélection sexuelle et de l'hybridation Néandertal-Sapiens. On peut ensuite imaginer que ce remplacement progressif des derniers néandertaliens par des sapiens déjà mélangés s'est accompli par absorption biologique et culturelle le long d'un front de colonisation sapiens que franchissaient de nombreux « pionniers » sapiens. Lent à l'échelle humaine, le processus a en revanche été fulgurant à l'échelle de l'enregistrement fossile : telles les populations amérindiennes d'Amérique du Nord réduites et fondues dans une masse européenne en trois siècles, les néandertaliens auraient été progressivement encerclés puis fondus au sein d'une vaste population territorialement conquérante. Finalement, après la pénétration en Europe des sapiens, le remplacement et l'absorption/extinction des derniers néandertaliens se seraient faits rapidement en 5 000 ans tout au plus.

Insistons sur le fait qu'il est probable (le contraire semble invraisemblable) que cette hybridation a « revitalisé » la population européenne sapiens. Certaines données génétiques montrent que Sapiens a bénéficié des gènes impliqués dans l'adaptation au froid. Rien n'empêche de penser par ailleurs que les sapiens ont aussi appris nombre des techniques de survie dans les frimas du Nord au contact des néandertaliens, qui auraient donc aussi « vitalisé » les cultures sapiens… Bref, le métissage biologique et culturel n'a pu fonctionner que dans les deux sens…

L'union homme néandertalien-femme sapiens présumée stérile

L'homme néandertalien et la femme sapiens semblent avoir été incapables de se reproduire. Pourtant, 2 à 4 % de nos gènes proviennent des néandertaliens. Comment ? Grâce aux unions homme sapiens-femme néandertalienne, car on observe qu'aucun ADN néandertalien n'est présent sur le chromosome Y de nos contemporains !

Deux théories pourraient toutefois expliquer la disparition de l'ADN néandertalien du chromosome Y. La première, tout à fait plausible, est tout simplement que les gènes du chromosome Y ont bien été transmis à Sapiens mais qu'ils ont été évacués avec les millénaires. Pour la confirmer, il faudra donc étudier le chromosome Y des plus anciens hybrides Néandertal-Sapiens.

L'autre, qui demande à être confirmée serait que le chromosome Y néandertalien serait hautement incompatible avec la grossesse. Les paléogénéticiens ont en effet découvert chez les néandertaliens trois variations majeures des antigènes mineurs d'histocompatibilité. Traduction : lors des grossesses après une conception homme néandertalien-femme sapiens, la présence de ces antigènes dus au père a pu provoquer une réaction immunitaire contre le fœtus et par là une fausse couche. Cela expliquerait l'absence de gènes provenant du chromosome Y néandertalien, puisque aucun fœtus mâle hybride Néandertal-Sapiens n'aurait pu parvenir à terme.

Cette théorie semble d'autant plus fiable qu'actuellement, des fausses-couches surviennent chez des fœtus mâles pour des raisons similaires. Les unions hommes néandertaliens/femmes sapiens avaient donc plus d'intérêt pour la bagatelle que pour la reproduction !

Et si le chien avait tout changé ?

Récemment, l'idée d'une supériorité du chasseur sapiens due à son alliance avec le loup est apparue [29]. Pour l'éthologue Pierre Jouventin qui s'est penché sur la question [30], il est clair que la domestication du loup a constitué un avantage considérable pour les chasseurs sapiens, puisque, souligne-t-il, « l'observation des chasseurs-cueilleurs actuels montre qu'un chasseur accompagné d'un chien rapporte trois fois plus de gibier [31] » en moyenne.

Il est manifeste qu'une telle innovation a peut-être été très avantageuse démographiquement pour les sapiens dans la mesure où une relation entre la quantité de nourriture disponible et la fertilité humaine existe. Plus de nourriture et la possibilité d'un stockage impliquent que davantage de personnes peuvent être nourries et vivre en bonne santé. Cela se traduit aussitôt par un allongement de la durée de vie, une diminution de la mortalité infantile, donc par plus de personnes arrivant à l'âge de la reproduction. L'allongement de la durée de la vie entraîne aussi une meilleure transmission du savoir par les anciens tout en permettant aux parents de se concentrer sur les jeunes enfants fragiles [32]. À son tour, l'augmentation des connaissances reçues par les jeunes générations favorise le succès dans la survie et l'innovation.

Pour autant, que le chien ait favorisé le succès à la chasse des sapiens ou pas, l'évolution des cultures sapiens exprime autre chose avec une force étonnante : la tendance sapiens à toujours croître, tant territorialement que démographiquement. Après tout, la « supériorité » de Sapiens sur Néandertal que recherchent tant de préhistoriens n'est peut-être ni technique, ni culturelle, mais tout simplement liée au psychisme collectif sapiens et aux comportements sociaux qui en découlent. Sans doute est-ce là ce qui différencie la lignée néandertalienne de la lignée sapiens, puisque la première n'a jamais détruit ni changé l'écosystème eurasien dans lequel elle est restée en équilibre avec la nature pendant plus de 300 000 ans.

Axés sur le partage et la communauté, les néandertaliens ne devaient guère avoir besoin de s'étendre vu leur faible démographie. Survivre leur suffisait. Alors, puisque la poursuite envers et contre tout de la croissance met les héritiers de la fratrie Néandertal et Sapiens que nous sommes au bord de la faillite écologique et démographique, peut-être est-il temps de se retourner vers ceux de nos ancêtres qui ont su survivre sans croître ni détruire pendant des centaines de milliers d'années et s'en inspirer ?

Le testament de Néandertal

Avez-vous compris qui était finalement l'homme de Néandertal ? C'était une femme, la néandertalienne, et un homme, le néandertalien. Au cours des âges, leur résilience au froid et aux changements climatiques, même violents, est impressionnante. Lui, habile façonneur d'outils, chassait le gros en prenant d'énormes risques, car partager de la vraie viande est plus important dans la vie que de partager du lapin… et pour ce faire, Néandertal risquait sa vie ! Sur elle, bonne cueilleuse sans doute, peut-être chasseuse aussi, nous savons trop peu, sinon qu'elle mettait sans doute plus facilement ses enfants au monde que ses sœurs sapiens ou encore qu'elle s'alliait plus volontiers peut-être aux hommes des autres clans plutôt qu'aux oncles, frères et cousins qui composaient le sien. Pour autant, quand une crise climatique ou un éloignement trop extrême isolait le clan pour une génération ou plus, elle ne pouvait que s'unir à un parent proche…

Néandertal, c'était aussi des hommes et des femmes de culture, mais d'une culture âpre, faite pour durer, du moins pour faire durer le clan, pour résister au froid et au changement. Cela explique qu'en 2 500 siècles, la culture néandertalienne n'a presque pas changé de technique de taille… Qu'en savons-nous sinon ? Avant tout qu'elle était complexe, même si elle reste énigmatique ; en tout cas, elle faisait survivre les blessés et les vieillards, et grâce à elle, les néandertaliens et leurs ancêtres ont traversé trois glaciations. Ils en auraient traversé plus, si la concurrence sapiens n'avait fini par détruire un équilibre écologique des centaines de fois millénaire, au point que, désormais, l'humanité ne lutte plus contre le retour périodique du froid, mais l'installation à long terme du chaud… Comment a-t-il réagi à l'irruption de son frère sapiens ? Par la résilience toujours et en tentant par tous les moyens de s'adapter, y compris vers la fin, en imitant son frère, c'est-à-dire en se lançant dans l'innovation technique qu'il abhorrait auparavant. Et puis, la pression est devenue trop forte, notamment parce que la sélection sexuelle semble avoir privilégié les unions homme sapiens-néandertalienne au détriment des unions néandertalien-femme sapiens, qui auraient pu renforcer ses clans à cultures patrilocales. C'est alors que Néandertal, le dernier homme véritablement animal, c'est-à-dire sachant vivre vraiment en équilibre avec son environnement, a dû céder son habitat à une espèce sœur aussi conquérante territorialement que démographiquement. Toutefois, grâce à elle, grâce à la néandertalienne, il subsiste en nous sous la forme des 1 à 4 % de gènes que les sapiens d'Eurasie portent en eux.

Alors, oui, *Homo neanderthalensis* était bien le frère préhistorique d'*Homo sapiens*. Apparu en Europe, quand *Homo sapiens* apparaissait en Afrique, il a fini par se fondre avec lui dans l'« homme anatomiquement moderne », comme disent les préhistoriens. Quoi qu'il en soit, Néandertal, en disparaissant, a légué à son frère sapiens un message essentiel :

J'ai survécu sans croître
Disparu parce que incapable de croître
Tu as survécu parce que toujours tu croîs
Disparaîtras-tu parce que jamais ne décrois ?

Croître toujours ! Ne jamais décroître ! C'est là en effet le trait psychique essentiel des sapiens, qui ne consentent à coexister que pour « partager les fruits de la « croissance[1] ». Le sage Sapiens – *Sapiens* est un adjectif latin pouvant signifier intelligent, sage, raisonnable ou prudent – veut croître dans tout ce qu'il entreprend, notamment les sapiens de science et de plume que sont les auteurs de ce livre. Alors, parce que c'est nous, parce que c'est vous, parce que vous êtes de sages sapiens comme nous, voici quelques exemples de façons dont la recherche sur Néandertal pourrait se poursuivre afin de faire croître la connaissance…

Pour commencer, sûrement, vous vous préoccupez comme nous de ce qui pourrait étayer les thèses présentées dans ce livre, qui sont trop fragiles, puisqu'elles ne sont le produit que de cent soixante ans de recherche. Alors ?

En premier lieu, il nous faut de nouveaux sites et de nouveaux fossiles néandertaliens et sapiens anciens, surtout hors d'Afrique. Ces précieux témoignages osseux nous préciseront par où passaient les routes de la croissance territoriale sapiens, et par là nous renseigneront sur les possibles zones de mélange entre les deux espèces sœurs, la sage et celle qui ne voulait pas croître… Dans cet esprit, la priorité semble être de poursuivre les recherches dans le couloir levantin, notamment en Syrie (!), puis dans la péninsule Arabique, au Yémen, dans les pays du Golfe, puis plus loin encore dans les zones inexplorées mais très prometteuses de l'Iran, de l'Irak, de l'Afghanistan. On voit la difficulté de ce travail en ce moment, puisque certains empêchent les sapiens qui veulent faire croître la science de se rendre librement dans plusieurs de ces pays, d'y circuler sans peur et d'y engager des prospections archéologiques avant d'entreprendre des fouilles avec les sapiens de science du… cru. Depuis que Sapiens est seul au monde, la géopolitique a toujours limité la croissance des idées, quand elle ne les a pas tuées. Espérons que la prochaine génération de sapiens – certainement encore plus sage que la nôtre – pourra oser cette exploration…

Ensuite, il est clair que la croissance de la technique va continuer à apporter son lot ininterrompu de découvertes inattendues sur Néandertal et son mode de vie. Résumons la tendance en signalant une énormité : certains proposent déjà de se servir de l'ADN néandertalien reconstitué pour cloner notre frère Néandertal, pour le ressusciter en somme. En effet, le séquençage de l'ADN néandertalien fut une prouesse si inattendue que sa synthèse chimique ne semble rien en comparaison… Alors, certains sapiens y pensent déjà, mais cela choque les auteurs de ce livre – des rétrogrades ! – qui, eux, considèrent Néandertal comme un humain à part entière, jouissant donc du droit de l'homme (de Néandertal) de rester mort, une fois mort.

Même si Néandertal était aussi, sur quelques points, vraiment différent de nous, n'est-il pas assez humain pour se voir reconnaître ce droit ? Si, d'aventure, quelque savant fou (donc un savant sapiens, c'est-à-dire « sage », mais fou), tel le docteur Mabuse, s'emparait de ce projet insensé, que ferons-nous de notre clone de Néandertal ? L'obligerons-nous à connaître des femmes sapiens afin de vérifier que le chromosome Y néandertalien est bien incompatible avec la gestation, comme nous l'avons déduit des gènes de Néandertal ? Du reste, la chose serait facile, puisque nous avons lu dans la presse que des femmes sapiens bien sous tous rapports se sont déjà proposées comme volontaires. Dès lors, nul besoin de faire appel à des « femmes perdues », comme – semble-t-il – on fit au XIXe siècle pour « vérifier » que les unions chimpanzés-sapiens sont bien inféconde [2].

Une fois que nos connaissances auront pu faire de la croissance de cette façon-là et que notre curiosité sera retombée, que ferons-nous de notre frère cloné ? C'est sûr, nous tenterons par tous les moyens de le « sapientiser », exactement comme les Anglais victoriens ont tenté de « victorianiser » Jeremy Button [3] ? Ou encore pire, le traiterons-nous comme un animal sauvage en le mettant dans un parc d'attractions, comme on le faisait à Paris dans les « villages noirs » des expositions coloniales ? Nos aïeuls, qui osèrent cela, pensaient montrer des hommes archaïques, alors qu'ils montraient des sapiens sans gènes… néandertaliens, eux qui pensaient que Néandertal, qu'ils ignoraient avoir en eux, était une brute épaisse… Très sage tout cela. Certes, si jamais Néandertal est cloné, quelques voix charitables et politiquement correctes s'élèveront, comme dans l'Angleterre du XIXe siècle, pour que l'on inscrive notre frère Néandertal cloné à la sécurité sociale et qu'on le dote d'un revenu minimal d'insertion dans le complexe habitat de son frère sapiens.

Plus intéressant et plus… sage pour de bon : pourrons-nous étendre aux hommes fossiles et en particulier à Néandertal les résultats des recherches sur le microbiome ? C'est ainsi que l'on désigne le métagénome des organismes constituant le microbiote humain, c'est-à-dire l'ensemble des micro-organismes vivant dans notre corps, qui, entre autres, constituent notre flore intestinale [4]. Ces bactéries, champignons et autres micro-organismes nous sont en partie légués par nos mère et père, mais sont aussi très déterminés par l'alimentation et l'environnement. Dans la mesure où le microbiome est l'expression des conditions du milieu interne (température, acidité, teneurs hormonales, graisses, protéines, type de muqueuse, etc.), des recherches sur les microbiomes des hommes fossiles promettent donc de très nombreuses informations, car, de nos jours, pour vraiment connaître l'histoire de notre évolution, il faut aussi connaître celle de la biodiversité microbienne du microbiote et de sa coévolution avec nous humains. Quand lancerons-nous enfin la grande exploration des coprolithes néandertaliens [5] ? Il nous faut donc l'aborder pour confirmer ou infirmer à partir du biome néandertalien nos hypothèses sur l'alimentation, le métabolisme et les hormones de notre frère Néandertal.

Utopique ? Vu l'accélération et la croissance ininterrompue de nos connaissances sur Néandertal, depuis l'époque où

Silvana étudiait ou même depuis 1856, quand tout cela a commencé, nous sommes certains que les prochaines décennies seront pleines de surprises, tout particulièrement grâce à l'analyse des gènes, qui ne cesse de progresser. Puisse cette croissance ininterrompue et merveilleuse de nos connaissances ne pas nous faire oublier une vérité toute simple dont témoigne notre frère Néandertal à travers le temps : une espèce disparaît quand son habitat disparaît.

Tableau des MIS

MIS	Début	Fin	Climat	Faits marquants relatifs aux MIS
MIS 2	29 000	14 000	Climat très rigoureux comparable à certaines périodes du MIS 6.	Les cultures sapiens se multiplient et se diversifient.
MIS 3	57 000	29 000	Période interglaciaire très instable : « événements d'Heinrich » avec des périodes plutôt froides.	Arrivée de Sapiens en Europe et disparition de Néandertal.
MIS 4	71 000	57 000	Période glaciaire courte mais qui a eu des conséquences sur la taille de la population néandertalienne.	Apparition en Europe de sépultures individuelles néandertaliennes, certaines contenant des offrandes.
MIS 5	130 000	71 000	Période interglaciaire en général un peu plus chaude que la nôtre avec de nombreuses fluctuations.	Extension territoriale de Néandertal au Proche-Orient, puis en Asie centrale.
MIS 6	191 000	130 000	Période glaciaire longue et extrêmement rigoureuse.	Les prénéandertaliens pénètrent dans de la profondeur des grottes (dans celle de Bruniquel en tout cas).
MIS 7	243 000	191 000	Période interglaciaire pas très chaude.	Les prénéandertaliens exploitent le site de Biache-Saint-Vaast pendant des dizaines de milliers d'années.
MIS 8	300 000	243 000	Période extrêmement rigoureuse.	Les prénéandertaliens survivent à cette très longue période froide.
MIS 9	337 000	300 000	Période interglaciaire plutôt chaude.	La néandertalisation est en marche. Premiers façonnages moustériens.
MIS 10	374 000	337 000	Période glaciaire courte mais extrêmement rigoureuse.	Réduction de la diversité de la population européenne.
MIS 11	424 000	374 000	Période interglaciaire comparable à la nôtre.	*H. heidelbergensis* façonne des outils composites (lances en bois armées de lames en pierre de Schöningen).

Tableau des MIS

MIS	Début	Fin	Climat	Faits marquants relatifs aux MIS
MIS 12	478 000	424 000	Période extrêmement rigoureuse.	*H. heidelbergensis* traverse cette période froide probablement parce qu'il maîtrise le feu.
MIS 13	533 000	478 000	Période interglaciaire.	Des *H. heidelbergensis* jettent certains de leurs défunts et un biface en offrande dans le puits la Sima de los Huesos.
MIS 14	563 000	533 000	Période glaciaire.	*H. heidelbergensis* taille des bifaces très élaborés en plusieurs coins d'Europe (la vallée de la Somme).
MIS 15	621 000	563 000	Période interglaciaire.	Arrivée d'une forme humaine africaine en Europe ; la mâchoire de Mauer, lui vaudra son nom d'espèce : *H. Heidelbergensis*
MIS 16	676 000	621 000	Période glaciaire.	*H. antecessor* qui vit en Espagne depuis plusieurs centaines de milliers d'années laisse un témoignage fossile dans la Gran Dolina d'Atapuerca.
MIS 17	712 000	676 000	Période interglaciaire.	
MIS 18	761 000	712 000	Période glaciaire.	
MIS 19	790 000	761 000	Courte période interglaciaire pas particulièrement chaude.	Des traces de pas sont retrouvées sur une plage fossile à Happisburgh, en Angleterre.

Tableau des stades isotopiques marins de l'oxygène ou MIS.

NOTES

1. NÉANDERTAL, FILS DE L'EUROPE ET DU FROID

1. Thalès de Milet, appelé communément Thalès, est un philosophe et savant grec né à Milet vers - 625 et mort vers - 547 dans cette même ville. Il fut l'un des « Sept Sages » de la Grèce antique.

2. B. Vandermeersch, *Les Hommes fossiles de Qafzeh*, Les Éditions du CNRS, 1981 ; R.E. Green *et al.*, « A draft sequence of the Neandertal genome », *Science*, n° 328, 2010, p. 710-722.

3. F. Savatier, « Expansion de l'homme moderne : la voie arabe », [http://www.pourlascience.fr] www.pourlascience.fr, 08/02/2011 ; S. J. Armitage *et al.*, « The southern route "Out of Africa" : Evidence for an early expansion of modern humans into Arabia », *Science*, n° 331, 2011, p. 453-456 ; A. Lawler, « Did Modern Human travel "Out of Africa" via Arabia ? », *Science*, n° 331, 2011, p. 387.

4. MIS 5.

5. Condemi S., *Les Hommes fossiles de Saccopastore*, CNRS Éditions, 1992.

6. M. Milanković, que l'on considère aujourd'hui comme le père de la paléoclimatologie, avait mis à son profit son immense découverte (l'existence des cycles d'insolation) pour concevoir le premier calendrier isotopique. Même si elle a été affinée depuis, on utilise toujours cette échelle chronologique.

7. G. Ménot G *et al.*, « Early reactivation of European rivers during the last deglaciation », *Science*, vol. 313, 2006, p. 1623-1625 ; S. Toucanne *et al.*, « The first estimation of Fleuve Manche palaeoriver discharge during the last deglaciation : Evidence for Fennoscandian ice sheet meltwater flow in the English Channel ca 20 – 18 ka ago, Earth and Planetary », *Science*, n° 290, 2010, p. 459-473.

2. L'ÉMERGENCE DE LA LIGNÉE NÉANDERTALIENNE

1. Platon, *Le Politique*, traduction Luc Brisson, Paris, Flammarion, 2011, p. 46.

2. L. Gabunia & A. Vekua, « A Plio-Pleistocene hominid from Dmanisi, East Georgia, Caucasus », *Nature*, n° 373, 1995, p. 509-512 ; L. Gabunia *et al.*, « Earliest Pleistocene Hominid Cranial Remains from Dmanisi, Republic of Georgia : Taxonomy, Geological Setting, and Age », *Science*, n° 288, 2000, p. 1019–1025.

3. O. Bar-Yosef & E. Tchernov, *On the Palaeo-Ecological History of the Site of 'Ubeidiya*. Jerusalem: The Israel Academy of Science and Humanities, 1972 ; O. Bar-Yosef. & N. Goren-Inbar, *The Lithic Assemblages of 'Ubeidiya, a Lower Paleolithic Site in the Jordan Valley*, Jerusalem: The Institute of Archaeology, The Hebrew University of Jerusalem, *Qedem* n° 34, 1973 ; M. Belmaker *et al.*, « New evidence for hominid presence in the Lower Pleistocene of the Southern Levant », *Jour. of Hum. Evol.*, n° 43/1, 2002, p. 43-56.

4. A. Vialet *et al.*, « *Homo erectus* found still further west: reconstruction of the Kocabaş cranium (Denizli, Turkey) », *Comptes Rendus Palevol.*, n° 11, 2012, p.89-95. A.E. Lebatard *et al.*, « Earth and Planetary », *Science*, n° 390, 2004, p. 8-18.

5. N. Ashton N *et al.*, « Hominin Footprints from Early Pleistocene Deposits at Happisburgh, UK », *PLoS ONE*, n° 9/2, 2014.

6. J.-M. Bermúdez de Castro *et al.*, « A Hominid from the Lower Pleistocene of Atapuerca, Spain : Possible Ancestor to Neandertals and Modern Humans », *Science*, n° 276, 1997, p. 1392-1395.

7. C. J. Lepre *et al.*, « An earlier origin for the Acheulian », *Nature*, n° 477, 2011, p. 82-85.

8. A. Leroi-Gourhan, *Le Geste et la Parole*, 1. : *Technique et langage*, 2 : *Mémoire et les Rythmes*, Paris, Albin Michel, 1964-1965.

9. E. Carbonell E. *et al.*, « Les premiers comportements funéraires auraient-ils pris place à Atapuerca, il y a 350 000 ans ? », *L'Anthropologie*, n° 107/1, 2003, p. 1-14.

10. M.B. Roberts & S.A. Parfitt, *Boxgrove. A Middle Pleistocene Hominid Site at Eartham Quarry, Boxgrove, West Sussex*, Londres, English Heritage Archaeological Report n° 17, 1999.

11. J.L. Arsuaga *et al.*, « Three new human skulls from the Sima de los Huesos Middle Pleistocene site in Sierra de Atapuerca, Spain », *Nature*, n° 362, 1993, p. 534-537 ; J.L. Arsuaga J.L. *et al.*, « Sima de los Huesos (Sierra de Atapuerca, Spain). The site » *Jour. of Hum. Evol.*, n° 33, 1997, p. 109-127.

12. A. Mounier *et al.*, « Is *Homo heidelbergensis* a distinct species ? New insight on the Mauer mandible », *Journal of Human Evolution*, n° 56/3, 2009, p. 219-246.

13. D. Richter *et al.*, « The age of the hominin fossils from Jebel Irhoud, Morocco, and the origins of the Middle Stone Age », *Nature*, n° 546, 2017, p. 293-296.

14. C.B. Stringer *et al.*, « The middle Pleistocene human tibia from Boxgrove », *Jour. of Hum. Evol.*, n° 34, 1998, p. 509-547 ; M. Wolpoff, *Human Evolution*, The McGraw-Hill Companies, Inc., College Custom Series, 1996.

15. M. Meyer *et al.*, « A mitochondrial genome sequence of a hominin from Sima de los Huesos », *Nature*, n° 505, 2014, p. 403-406.

16. M. Meyer *et al.*, « Nuclear DNA sequences from the Middle Pleistocene Sima de los Huesos hominins », *Nature*, n° 531, 2016, p. 504-507.

17. A.L. Price *et al.*, « The Impact of Divergence Time on the Nature of Population Structure : An Example from Iceland », *Plos-One*, n° 5/6, juin 2009, e1000505.

18. H. Lumley (de) & M.A. Lumley (éds), 1982. *L'Homo erectus et la place de l'homme de Tautavel parmi les hominidés fossiles*, préactes du 1er Congrès de paléontologie humaine, Nice.

19. S. Condemi, *Les Néandertaliens de La Chaise*, Éditions du CTHS, n° 15, 2001.

20. J.L. Voisin, « A preliminary approach to the neandertal speciation by distance hypothesis: a view from the shoulder complex », in *Continuity and discontinuity in the peopling of Europe: One hundred fifty years of Neanderthal*, S. Condemi & G.C. Weniger (éds.), Springer, *Vertebrate paleobiology and paleoanthropology series*, 2011, p. 127-138.

21. Au MIS 5e.

22. S. Condemi, *Les Hommes fossiles de Saccopastore*, CNRS Éditions, 1992.

23. M. Urbanowsk *et al.*, « The first Neanderthal tooth found North of the Carpathian Mountains », *Naturwissenschaften*, n° 97, 2012, p. 411-415.

24. J. Krause *et al.*, « Neanderthals in central Asia and Siberia », *Nature*, n° 449, 2007, p. 902-904.

3. UN ATHLÈTE RÂBLÉ AUX POINGS PUISSANTS

1. Lucrèce (poète et philosophe latin du Ier siècle av. J.-C.) *De la Nature* (livre V : 1), traduction d'A. Ernout, CUF, 1960, p. 84.

2. R.E. Green *et al.*, 2010. « A draft sequence of the Neandertal genome », *Science*, n° 328, 2010, p. 710-722.

K. Prüfer *et al.*, « The complete genome sequence of a Neanderthal from the Altai Mountains », *Nature*, n° 505, 2014, p. 43-49

3. H. Schaaffhausen, « Zur Kentniss der ältesten Rassenschädel » *Archiv fur Anatomie, Physiologie und wissenschaftliche Medicin, in Verbindung mit mehreren Gelehrten herausgegeben*, 1858, p. 453-488 ; C. J. Fuhlrott, « Menschliche Ueberreste aus einer Felsengrotte des Düsselthals. Ein Beitrag zur Frage über die Existenz fossiler Menschen », *Verhandl. Naturhist. Ver. Preuss. Rheinlande Westphalen*, 16, 1859, p. 131-153.

4. R. Virchow, « Untersuchung des Neanderthal-schädels », *Zeitsch. Ethnol.*, n° 4, 1872, p. 157.

5. J. Fraipont & M. Lohest, « La race humaine de Néandertal ou de Canstadt en Belgique », *Archives de biologie*, VII, 1887, p. 587-757.

6. M. Boule M., *L'Homme fossile de La Chapelle-aux-Saints*, *Annales de paléontologie*, t. VI-VII-VIII, 1911-1913.

7. M. Boule, *Les Hommes fossiles : éléments de paléontologie humaine*, Masson, 1921 ; il ira encore plus loin dans l'édition de 1941 faite en collaboration avec l'anthropologue raciologue H.V. Vallois.

8. A. Hrdlicka, *Some Results of Recent Anthropological Exploration in Peru*, Smithsonian Miscellaneous Collections, n° 56/16, 1911.

9. Marie-Antoinette de Lumley et son époux, Henry de Lumley, ont fouillé la Caune de L'Arago près du village de Tautavel dans les Pyrénées-Orientales et la grotte de l'Hortus dans le Gard. Elle a étudié les nombreux fossiles d'heidelbergiens et néandertaliens qui y étaient découverts.

10. B. Vandermeersch, *Les Hommes fossiles de Qafzeh,* CNRS éditions, 1991.

11. B. Vandermeersch, « Les Néandertaliens de Charente », *in* H. de Lumley, *La Préhistoire française*, t. I.1, Paris, Éditions du CNRS, 1976, p. 584-587.

12. W. Henning, *Grundzüge einer Theorie der phylogenetischen Systematik* (Fondements d'une théorie de la systématique phylogénétique), Deutscher Zentralverlag, 1950 ; traduction en anglais en 1966, *Phylogenetic Systematics*, Illinois University Press.

13. C.L., Brace, « Refocusing on the Neanderthal problem », *American Anthropologist*, n° 64/4, 1962, p. 729-741 ; C.L. Brace, « A non-racial approach towards the understanding of human diversity », *in* M. F. A. Montagu (éd.), *The Concept of Race*, Free Press of Glencoe, 1964, p. 103-152 ; C.L.Brace, « Biological parameters and Pleistocene hominid life-ways », in *Primate Ecology and Human Origins*, I. S. Bernstein et E. O. Smith (éds), Garland Press, 1979, p. 263-289 ; C.L. Brace, « Krapina, "classic" Neanderthals, and the evolution of the European face », *Jour. of Hum. Evol.*, n° 8/5, 1979, p. 527-550 ; D.W. Frayer, « Evolution at the European edge : Neandertal and Upper Paleolithic relationships », *Préhistoire européenne,* n° 2, 1993, p. 9-69.

14. Par exemple celui de La Ferrassie 1 provenant d'un site en Dordogne ou de Shanidar 1 au Kurdistan irakien.

15. T.D. Weaver *et al.*, « Neonatal postcrania from Mezmaiskaya, Russia, and Le Moustier, France, and the development of Neandertal body form », *PNAS*, n° 13/23, 2016, p. 6472-6477.

16. M. Ben-Dor *et al.*, « Neandertals' large lower thorax may represent adaptation to high protein diet », *Amer. Jour. of Phys. Anthr.*, n° 160/3, 2016, p. 367-378.

17. S. E. Churchill, *Thin on the Ground : Neandertal Biology, Archeology and Ecology*, Wiley-Blackwell, 2014. J.L. Voisin, « Krapina and other neanderthal clavicles: a peculiar morphology? », *Periodicum Biologorum*, n° 108/3, 2006, p. 331-339.

18. S. Levy S *et al.*, « The Diploid Genome Sequence of an Individual Human ». *PLoS Biol.*, n° 4-5/10, 2007, e254.

19. M. Krings *et al.*, « Neanderthal DNA sequences and the origin of modern humans », *Cell*, n° 90, 1997, p. 19-30.

20. R.E. Green *et al.*, « A complete Neanderthal mitochondrial genome sequence determined by high-throughput sequencing », *Cell*, n° 134/3, 2008, p. 416-426 ; A.W. Briggs *et al.*, « Targeted retrieval and analysis of five Neanderthal mtDNA genomes », *Science*, n° 5938, 2009, p. 318-321.

21. R.E. Green *et al.*, « A draft sequence of the Neandertal genome », *Science*, n° 328/5979, 2010, p. 710-722 ; K. Prüfer, *et al.*, « The complete genome sequence of a Neandertal from the Altai Mountains », *Nature*, n° 505, 2014, p. 43-49.

22. M. Kuhlwilm *et al.*, « Identification of putative target genes of the transcription factor RUNX2 », *PLoS One*, n° 12/8, 2013, e83218.

23. C. Lalueza-Fox, *et al.*, « A melanocortin 1 receptor allele suggests varying pigmentation among Neanderthals », *Science*, n° 318/5855, 2007, p. 1453-1455.

24. C. Lalueza-Fox, *et al.*, « Bitter-taste perception in Neanderthals through the analysis of TAS2R38 gene », *Biol. Lett.*, n° 5, 2009, p. 809-811.

4. NÉANDERTAL : UN CORPS ADAPTÉ AU FROID ?

1. T. Dobzhansky (1900-1975), biologiste et généticien, l'un des pères de la théorie synthétique de l'évolution.

2. J. Jaubert, « Que faisait Néandertal dans la grotte de Bruniquel ? », *Pour la science*, n° 465, juillet 2016.

3. F.C. Howell, « The Place of Neanderthal Man in Human Evolution », *Am. Jour. Phys. Anthrop.*, n° 9, 1951, p. 379-416.

4. J.A. Allen, « The influence of physical conditions in the genesis of species », *Radical Review*, n° 1, 1877, p. 108-140 ; K. Bergmann, « Über die Verhältnisse der wärmeökonomie der Thiere zu ihrer Grösse », *Göttinger Studien*, n° 3/1, 1847, p. 595-708.

5. J. Fraipont & M. Lohest, « La race humaine de Néandertal ou de Canstadt en Belgique », *Archives de biologie*, VII, 1887, p. 587-757.

6. E. Trinkaus, « Neanderthal limb proportions and cold adaptation », *in* C.B.Stringer (éd.), *Aspects of Human Evolution*, Taylor and Francis London, 1981, p. 187-224.

7. Depuis, on a montré aussi que les néandertaliens présentent aussi un rapport longueur de la clavicule/longueur de l'humérus (le premier os long du bras) – ce que l'on nomme l'indice clavico-huméral – très important, qui pourrait s'expliquer soit par un volume thoracique plus grand (adaptation au froid) soit par un humérus plus court par rapport à Sapiens (règle d'Allen). Cependant, la corrélation entre la valeur de cet indice chez les néandertaliens et une adaptation à un climat froid reste discutée. S.E. Churchill, « Medial clavicular length and upper thoracic shape in Neandertals and European early modern humans », *Am J. Phys Anthropol*, S18, 1994, p. 67-68 ; S.E. Churchill, *Thin on the Ground: Neandertal Biology, Archeology and Ecology*, Wiley-Blackwell, 2014.

8. T.W. Holliday, « Body proportions in Late Pleistocene Europe and modern human origins », *Jour. of Hum. Evol.*, n° 32, 1997, p. 423-447.

9. C.S. Coon, *The Origin of Races*, A.A. Knopf, 1962.

10. S. Márquez *et al.*, « The Nasal Complex of Neanderthals : An Entry Portal to their Place in Human Ancestry », *The Anatomical Record*, n° 297/11, 2014, p. 2121-2137.

11. E. Vlcek, « Die sinus frontalis bei europeischen Neanderthalern », *Anthr. Anzeig.*, n° 28, 1965, p. 166-189.

12. A.M. Tillier, « La pneumatisation du massif cranio-facial chez les hommes actuels et fossiles », *Bull. et mém. de la Soc. d'anthrop. de Paris*, n° 4/XIII, 1977, p. 177-189 et p. 287-316.

13. R. Todd *et al.*, « Neanderthal face is not cold adapted », *Jour. of Hum. Evol.*, n° 60, 2011, p. 234-239.

14. B. Vernot & J.M.Akey, « Resurrecting Surviving Neandertal Lineages from Modern Human Genomes », *Science*, 29 janvier 2014, p. 1017-1 021 ; S. Sankararaman *et al.*, « The genomic landscape of Neanderthal ancestry in present-day humans », *Nature*, n° 507/ 7492, 2014, p. 354-357. F. Savatier, « Des gènes néandertaliens inégalement répartis », *Pour la science (actualités)*, 12 février 2014.

5. NÉANDERTAL : CHAROGNARD, CHASSEUR ET CANNIBALE

1. Michel de Montaigne (1533-1592), *Essais : Des cannibales*, chapitre XXX livre I, édition en français moderne d'André Lanly, Quarto Gallimard, 2002.

2. A. Arcelin 1872, « Solutré, ou les chasseurs de rennes de la France centrale », Nabu Press (22 avril 2010), téléchargeable sur https://archive.org/details/solutrouleschas00arcegoog.

3. Pour sauver ces véritables « archives », l'Inrap dispose de plus de deux mille chercheurs, spécialisés dans différentes disciplines, qui interviennent avant le début des travaux et, en urgence, si cela est nécessaire, afin de préserver, analyser et étudier le patrimoine que peuvent recéler les sous-sols de notre territoire.

4. F. Savatier, « Le mammouth de Changis-sur-Marne », *Pour la science*, 15 décembre 2012.

5. L. Binford, *Bones – Ancient Men and Modern Myths*, Academic Press Inc, 1981 .

6. Référence de l'encadré : "Qui mange-t-on ce soir ?", Gorganovic-Kramberger, *Der Diluviale Mensch von Krapina in Kroatien*, C. W Kreidel, Verlag, 1906.

7. A. Defleur *et al.*, « Neanderthal Cannibalism at Moula-Guercy, Ardèche, France », *Science*, n° 286, 1999, p. 128-131 ; A. Rosas *et al.*, « Paleobiology and comparative morphology of a

late Neandertal sample from El Sidrón, Asturias, Spain », *PNAS*, n° 103/51, 2006, p. 19266-19271 ; C. Mussini, *Les Restes humains moustériens des Pradelles (Marillac-le-Franc, Charente, France) : étude morphométrique et réflexions sur un aspect comportemental des Néandertaliens*, thèse univ. Bordeaux, 2011 ; H Rougier *et al.*, « Neandertal cannibalism and Neandertal bones used as tools in Northern Europe », *Scientific Reports*, n° 6/29005, 2016.

8. E Carbonell *et al.*, « Cultural cannibalism as a paleoeconomic system in the European Lower Pleistocene », *Current Anthropology*, n° 51/4, 2010, p. 539-549.

9. N. Goren-Inbar *et al.*, « Evidence of Hominin Control of Fire at Gesher Benot Ya'aqov, Israel », *Science,* n° 304/5671, 2004, p. 725-727 ; N. Alperson-Afil & N. Goren-Inbar, « Out of Africa and into Eurasia with controlled use of fire : evidence from Gesher Benot Ya'aqov, Israel », *Archaeology, Ethnology and Anthropology of Eurasia*, n° 4, 2006, p. 63-78 ; N. Alperson-Afil *et al.*, « Phantom hearths and the use of fire at Gesher Benot Ya'aqov, Israel », *Paleo-Anthropology*, 2007, p. 1-15 ; W. Roebroeks & P. Villa, « On the Earliest Evidence for Habitual Use of Fire in Europe », *PNAS*, n° 108/13, 2011, p. 5209-5214.

10. A. Tuffreau, « Les débuts du Paléolithique moyen dans la France septentrionale », *Bull. de la Soc. préh. française*, n° 76/5, 1999, p. 140-142.

11. P. Auguste, « Chasse et charognage au Paléolithique moyen : l'apport du gisement de Biache-Saint-Vaast (Pas-de-Calais) », *Bull. de la Soc. préh. française*, n° 92/2, 1995, p. 155-168.

12. Au MIS 11 et au MIS 9.

13. H. Thieme, « Schoningen Lower Palaeolithic hunting spears from Germany », *Nature,* n° 385, 1997, p. 807-810.

14. J. Speth, *The Paleoanthropology and Archaeology of Big-Game Hunting, Interdisciplinary Contributions to Archaeology*, Springer 2010 ; J. Speth, « Thoughts about hunting : Some things we know and some things we don't know », *Quaternary International*, n° 297, 2013, p. 176-185 ; J. Shea, « Neandertals and Early *Homo sapiens* in the Near East », *in* E. Garcea (éd), *South-Eastern Mediterranean Peoples Between 130 000-10 000 Years Ago.*, Oxbow Books, 2010, p. 126-143.

15. Encadré : « De la colle sur des lances au Proche-Orient » : E Boëda *et al.*, « A Levallois point imbedded in the vertebra of a wild ass *(Equus Africanus)* : hafting, projectile, mousterian hunting weapon », *Antiquity*, n° 73, 1999, p. 394-402.

6. DE LA VIANDE, DE LA VIANDE, DE LA VIANDE ET… DES DATTES

1. Luis Sepúlveda (Ovalle, Chili 1949), *Le vieux qui lisait des romans d'amour*, traduction F. Maspero, 1997, éditions Métailié.

2. Holliday T.W., « Body proportions in Late Pleistocene Europe and modern human origins », *Journal of Human Evolution*, n° 32, 1997, p. 423-447 ; C.B. Ruff *et al.*, « Body mass and encephalization in Pleistocene *Homo* », *Nature*, n° 387, 1997, p. 173-176.

3. J. Jaubert *et al.*, *Les Chasseurs d'Aurochs de La Borde – un site du Paléolithique moyen (Livernon, Lot)*, MSH, *Documents d'archéologie française* n° 27, 1990.

4. J. Jaubert J. *et al.*, « Coudoulous I (Tour-de-Faure, Lot), site du Pléistocène moyen en Quercy. Bilan pluridisciplinaire », in *Données récentes sur les modalités de peuplement et sur le cadre chronostratigraphique, géologique et paléogéographique des industries du Paléolithique inférieur et moyen en Europe*, Molines *et al.* (éds), *BAR International Series*, n° 1364, 2005, p. 227-251.

5. La chasse a eu lieu lors d'un épisode au climat tempéré du MIS 5 (de 123 000 à 71 000 ans).

6. L'occupation de cette grotte située dans le Kurdistan irakien, aujourd'hui inaccessible aux chercheurs ainsi que les fossiles qui se trouvaient au musée national d'Irak à Bagdad date du MIS 4 (71 000 à 57 000 ans).

7. T.D. Berger & E. Trinkaus, « Patterns of Trauma among the Neandertals », *Journal of Archaeological Science*, n° 22, 1995, p. 841-852.

8. S.E. Churchill, *Thin on the Ground : Neandertal Biology, Archeology and Ecology*, Wiley-Blackwell, 2014.

9. M.V. Sorensen & W de Leonard, « Neandertal energetics and foraging efficiency », *Jour. of Hum. Evol.*, n° 40/6, 2001, p. 483-495.

10. J.J. Snograss *et al.*, « The energic of encephalisation in early hominids », in J.-J. Hublin & M.P. Richards (éds.), *The Evolution of Hominin Diets : Integrating Approaches to the Study of Palaeolithic Subsistence*, Springer, 2009, p. 15-29.

11. H. Bocherens *et al.*, « News and Views New isotopic evidence for dietary habits of Neandertals from Belgium », *Jour. of Hum. Evol.,* n° 40, 2001, p. 497-505 ; H. Bocherens *et al.*, « Isotopic evidence for diet and subsistence pattern of the Saint-Césaire I Neanderthal : review and use of a multi-source mixing model », *Jour. of Hum. Evol.,* n° 49, 2005, p. 71-87 ; M.P. Richards & E. Trinkaus, « Isotopic evidence for the diets of European Neanderthals and early modern humans », *Proceedings of the National Academy of Sciences of the United States of America*, n° 1064/38, 2009, p. 16034-16039.

12. Datés du MIS 5c (vers 100 000 ans) au MIS 3 (57 000 à 29 000 ans).

13. M. Pathou-Mathis, *Pour la Science,* n° 76 (dossier *L'Homme de Neandertal et l'invention de la culture),* juillet-septembre 2012 ; M. Pathou-Mathis M., *Mangeurs de viande. De la préhistoire à nos jours*, Edition Perrin, 2009.

14. L'activité à Bajondillo s'est étendue depuis la période froide du MIS 6 (191 000 à 130 000 ans) à celle tempérée du MIS 3 (57 000 à 29 000 ans). M. Cortés-Sanchez *et al.*, « Earliest Known Use of Marine Resources by Neanderthals », *Plos-One*, n° 6/9, 2011, e24026.

15. B.L. Hardy & M.H. Moncel, « Neanderthal Use of Fish, Mammals, Birds, Starchy Plants and Wood 125-250,000 Years Ago », *PloS one*, n° 6/8, 2011, e23768. À Payre, des prénéandertaliens y ont vécu entre la fin du MIS 8 (300 000 à 243 000 ans) et la fin du MIS6 (191 000 à 130 000 ans).

16. N. Höbig *et al.*, « 60 ka lacustrine record from Lake Banyoles (NE Spain) : Environmental change with respect to human occupation », *Geophysical Research Abstracts*, n° 14, 2012, p. 7625 ;

ces néandertaliens ont vécu au début du MIS 3 (57 000 à 29 000 ans).

17. C.B. Stringer *et al.*, « Neanderthal exploitation of marine mammals in Gibraltar », *Proc.Nat.Acad.Sc.USA*, n° 105/38, 2008, p. 14319-14324.

18. A. Testart, *Les Chasseurs-cueilleurs ou l'Origine des inégalités*, Paris : Société d'Ethnographie (Université Paris X-Nanterre), 1982.

19. M. Madella *et al.*, « The exploitation of plant resources in Amud Cave, Israel : the evidence from phytolith studies », *Jour. Arch. Sci.*, n° 29, 2002, p. 703-719 ; E. Lev *et al.*, « Mousterian vegetal food in Kebara Cave. Mt. Carmel », *Jour. Arch. Sci.*, n° 32, 2005, p. 475-484.

20. C. Lalueza *et al.*, « Microscopic study of the Banyoles mandible (Girona, Spain) diet, cultural activity and tooth pick use », *Jour. of Hum. Evol.*, n° 24, 1993, p. 281-300.

21. B.L. Hardy & M.H. Moncel, « Neanderthal Use of Fish, Mammals, Birds, Starchy Plants and Wood 125-250 000 Years Ago », *PloS one*, n° 6/8, 2011, e23768.

22. A.G. Henry *et al.*, « Microfossils in calculus demonstrate consumption of plants and cooked foods in Neanderthal diets (Shanidar II, Iraq ; Spy I and II, Belgium) », *PNAS*, 108/2, 2011, p. 486-491.

23. P.J. Heyes. *et al.*, « Selection and Use of Manganese Dioxide by Neanderthals », *Sci. Rep.*, n° 6, 2016, 22159.

24. Chose bien comprise aujourd'hui, l'ingestion d'aliments cuits réduit considérablement l'énergie nécessaire à la digestion, par rapport à celle d'aliments crus. Or, un accroissement du cerveau indépendamment de la masse corporelle se note sur les fossiles à partir d'il y a 500 000 ans. Les chercheurs suspectent que le phénomène est lié à la baisse des dépenses énergétiques pour la digestion, ce qui suggère que la maîtrise du feu a joué un rôle important dans notre évolution, puisqu'elle a libéré de l'énergie pour faire fonctionner le cerveau. Une hypothèse bien résumée dans R.W. Wrangham & R.N. Carmody, « Human adaptation to the control of fire », *Evolutionary Anthropology*, n° 19/5, 2010, p. 187-199.

25. K. Hardy *et al.*, « Neanderthal medics ? Evidence for food, cooking, and medicinal plants entrapped in dental calculus », *Naturwissenschaften*, 99/8, 2012, p. 617-626.

26. S.L. Kuhn & M. C. Stiner, « What's a Mother to Do ? The Division of Labor among Neandertals and Modern Humans in Eurasia », *Current Anthropology*, n° 47/6, 2006, p. 953-980.

7. NÉANDERTAL N'AURAIT PAS DÛ SURVIVRE

1. François-René de Chateaubriand (1768-1848), *Mémoires d'outre-tombe*, tome I, Garnier, 1940, p. 417.

2. L. Orlando *et al.*, « Revisiting neandertal diversity with a 100 000 year old mtDNA sequence », *Current Biology*, n° 16/11, 2006, p. 400-402.

3. Celle de l'interglaciaire MIS 3 (57 000 à 29 000 ans).

4. J.P. Bocquet Appel & A., Degioanni, « Neanderthal demographic estimates », *Current Anthropology* ; Wenner-Gren sup. n° 8 *Alternative Pathways to Complexity*, 213, p. 202-213.

5. A.W. Briggs *et al.*, « Targeted retrieval and analysis of multiple Neandertal mt DNA genomes », *Science*, n° 325, 2009, p. 218-321 ; F. Savatier, « Peu de diversité génétique chez les Néandertaliens », *Pour la science* (actualités), 31 juillet 2009.

6. B. Vandermeersch, « Le peuplement du Poitou-Charentes au Paléolithique inférieur et moyen », in H. Laville (éd.) *Préhistoire du Poitou-Charentes-Problèmes actuels*, Edition du CTHS, 1987, p. 7-17 ; S. Condemi, *Les Néandertaliens de La Chaise*, Éditions du CTHS (Documents préhistoire : 15), 2001 ; S. Condemi, « The Neanderthal from Le Moustier and European Neanderthal Variability », *in* H. Ullrich (éd.) : *The Neandertal Adolescent Le Moustier 1 New Aspects, New Results*, Berliner Beiträge zur Vor- und Frühgeschichte, n° 12, 2005, p. 317-327 ; C. Verna *et al.*, « Two new hominin cranial fragments from the Mousterian levels at La Quina (Charente, France) », *Jour. of Human Evolution*, n° 58, 2010, p. 273-278 ; A. Hambucken, « La variabilité géographique des néandertaliens : apport de l'étude du membre supérieur », *Anthropologie et Préhistoire*, n° 108, 1997, p.109-120.

7. S. Sergi, *Saccopastore 1*. Palaeontolografia italica, 42/25, 1948 ; M.A. Lumley (de), *Les Néandertaliens de l'Hortus, Études quaternaire 3*, Université de Provence, 1978 ; G. Giacobini & M.A. Lumley (de), « L*es* Néandertaliens de la Caverna delle Fate (Finale, Ligurie italienne) », *Jour. of Hum. Evol.*, n° 13, 1984, p. 687-707 ; B. Maureille & F. Houet, « Variabilité au sein de la population néandertalienne existe-t-il un groupe géographique méditerranéen ». in : J. Jaubert & J. Barbaza (éds), *Territoires, déplacements, mobilités, échanges durant la préhistoire,* Éditions du CTHS, 2005, p. 85-94 ; S. Condemi *et al.*, « Revisiting the Question of Neanderthal Variability. A view from the Rhone Valley Corridor », *Collegium Anthropologium*, n° 34/3, 2010, p. 787-796.

8. M. Jarry *et al.*, « Introduction- Cultures et environnements paléolithiques : mobilité et gestion des chasseurs-cueilleurs en Quercy », in *Modalité d'occupation et exploitation des milieux au Paléolithique dans le Sud-Ouest de la France : l'exemple du Quercy, PALEO*, sup. n° 4, 2013, p. 13-19.

9. K. Ruebens, « Regional behaviour among late Neanderthal groups in Western Europe : A comparative assessment of late Middle Palaeolithic bifacial tool variability », *Jour. of Hum. Evol.*, n° 65/4, 2013, p. 341-362.

10. V. Fabre *et al.*, « Genetic Evidence of Geographical Groups among Neanderthals », *Plos One*, n° 4/4, 2009, e5151.

11. Deux exemples à ce propos : Alphonse III d'Espagne (1886-1941), le grand-père de Juan Carlos, le roi actuel, n'avait, onze générations après son aïeul Saint Louis (1214-1270), que 111 ancêtres, alors que le maximum possible est de 1024 (2^{10}). Autre cas, Louis XIV qui épousa Marie-Thérèse d'Autriche (1638-1683), la nièce de son père qui était aussi la fille de sa tante (ils étaient doubles cousins), père (Louis XIII, 1601-1643) et mère (Élisabeth de France, 1602-1644) eux-mêmes issus d'unions consanguines, eut sept enfants avec elle, dont un seul, le Grand Dauphin, survécut et procréa. Or ses descendants moururent si nombreux que le seul descendant direct de Louis XIV, son successeur, était son arrière-petit-fils : Louis XV (1710-1774).

12. C. Lévi-Strauss, *Les Structures élémentaires de la parenté*, PUF, 1949.

13. C. Lalueza-Fox C. *et al.*, « Genetic evidence for patrilocal mating behavior among Neanderthal groups », *PNAS*, n° 108, 2011, p. 250-253.

14. K. Prüfer *et al.*, « The complete genome sequence of a Neanderthal from the Altai Mountains », *Nature,* n° 505, 2014, p. 43-49.

15. J. Henrich, « Demography and Cultural Evolution : Why adaptive cultural processes produced maladaptive losses in Tasmania », *American Antiquity*, n° 69/2, 2004, p. 197-121.

16. Il est remarqué que ce modèle a été contesté : K. Vaesen *et al.*, « Population size does not explain past changes in cultural complexity », *PNAS*, n° 113/16, 2016, p. 2241-2247.

17. M. Barton & J. Riel-Salvatore, « Agents of change : Modeling biocultural evolution in Late Pleistocene Western Eurasia », *Advances in Complex Systems*, n° 15/1-2, 2012, p. 115003-1-115003-24 ; M. Barton & J. Riel-Salvatore, « Perception, interaction, and extinction : A reply to Premo », *Human Ecology*, n° 40/5, 2012, p. 797-801.

18. K. Prüfer *et al.*, *op. cit.*

19. K. Prüfer *et al.*, « A high-coverage Neandertal genome from Vindija Cave in Croatia », *Science*, n° 358, 2017.

20. J. Jaubert *et al.*, « Early Neanderthal constructions deep in Bruniquel Cave in southwestern France », *Nature*, n° 534, 2016, p. 111-114 ; J. Jaubert, « Que faisait Néandertal dans la grotte de Bruniquel ? », *Pour la Science*, n° 465, juillet 2016. F. Savatier, « D'étranges structures néandertaliennes découvertes dans la grotte de Bruniquel », *Pour la Science* (actualités), 25 mai 2016.

8. UNE VIE CULTURELLE COMPLEXE

1. M. Boule et H. Victor Vallois, *Les Hommes fossiles*, Masson, 1946, p. 262.

2. O. Bar Osef & B. Vandermeersch (éds), *Le Squelette moustérien de Kébara 2. Cahiers de Paléoanthropologie*, Editions du CNRS, 1991.

3. R. D'Anastasio *et al.*, « Micro-Biomechanics of the Kebara 2 Hyoid and Its Implications for Speech in Neanderthals », *PLoS ONE* 8/12, 2013, e82261.

4. J. Krause *et al.*, « The Derived FOXP2 Variant of Modern Humans Was Shared with Neandertals », *Current Biology*, n° 17/21, 2007, p. 1908-1912.

5. J. A. Hurst *et al.*, « An extended family with a dominantly inherited speech disorder », *Dev Med Child Neurol.*, n° 32/4, 1990, p. 352-355.

6. E. Spiteri *et al.*, « Identification of the transcriptional targets of FOXP2, a gene linked to speech and language, in developing human brain », *Am. J. Hum. Genet.*, n° 81/6, 2007, p. 1144-1157 ; S.C. Vernes *et al.*, « High-throughput analysis of promoter occupancy reveals direct neural targets of FOXP2, a gene mutated in speech and language disorders », *Am. J. Hum. Genet.*, 81/6, 2007, p. 1232-1250.

7. A. Leroi-Gourhan, *Le Geste et la Parole*, 2 vol., Albin Michel, 1964.

8. http://www.sciencephoto.com/media/454206/view

9. K. Valoch, « La variabilité typologique du Paléolithique moyen de la grotte de Kulna en Moravie », *Paléo*, sup. 1, 1995, p. 73-77.

10. P.J. Texier *et al.*, « La Combette (Bonnieux, Vaucluse, France) : a Mousterian sequence in the Luberon mountain chain, between the plains of the Durance and Calavon rivers », *Preistoria Alpina*, n° 39, 2003, p. 77-90.

11. L. Meignen (éd.), *L'Abri des Canalettes : un habitat moustérien sur les Grands Causses, Nant (Aveyron)*, Éditions du CNRS, 1993.

12. H. Lumley (de) [éd.], *La Grotte moustérienne de l'Hortus (Valflaunès, Hérault)*, Université de Provence, *Études quaternaires*, mémoire n° 1, 1972.

13. Daté du MIS 4 et 3, c'est-à-dire après 71 000 ans et jusqu'à 29 000 ans. A. Leroi-Gourhan, « Étude des restes humains fossiles provenant des Grottes d'Arcy-sur-Cure », *Annales de paléontologie*, n° 44, 1958, p. 87-146.

14. M. Peresani *et al.*, « Late Neandertals and the intentional removal of feathers as evidenced from bird bone taphonomy at Fumane cave 44ky BP, Italy », *PNAS*, n° 108, 2011, p. 3888-3893.

15. D. Radovčić *et al.*, « Evidence for Neandertal jewelry : modified white-tailed eagle claws at Krapina », *PloS one*, n° 10/3, 2015, e0119802.

16. C. Finlayson *et al.*, « Correction : Birds of a Feather : Neanderthal Exploitation of Raptors and Corvids », *PLoS ONE*, n° 7/10, 2012, e45927.

17. Au MIS 3 (57 000 à 29 000 ans).

18. T.W. Deacon, *The Symbolic Species – the Co-evolution Language and the Brain*, Norton & Company, 1997.

19. J.J. Hublin *et al.*, « A late Neanderthal associated with Upper Palaeolithic artefacts », *Nature*, n° 381, 1996, p. 224-226. S. Bailey & J.-J. Hublin, « Dental remains from the Grotte du Renne at Arcy-sur-Cure (Yonne) », *Jour. of Hum. Evol.*, n° 50, 2006, p. 485-508.

20. W. Roebroeks *et al.*, « Use of red ochre by early Neandertals », *PNAS*, n°109/6, 2012, p.1889-1894 ; F. Savatier, « L'ocre rouge des premiers Néandertaliens », *Pour la science* (*Actualité*), 8 février 2012.

21. C. Henshilwood *et al.*, « A 100,000-Year-Old Ochre-Processing Workshop at Blombos Cave, South Africa », *Science*, n° 334, 2011, p. 219-222.

22. E. Hovers e*t al.*, « An Early Case of Color Symbolism : Ochre Use by Modern Humans in Qafzeh Cave », *Current Anthropology*, n° 44/4, 2003, p. 491-522.

23. J. Zilhão *et al.*, « Symbolic use of marine shells and mineral pigments by Iberian Neandertals », *PNAS*, n° 107/3, 2010, p. 1023-1028.

24. M. Garcia-Diez *et al.*, « Uranium series dating reveals a long sequence of rock art at Altamira Cave (Santillana del Mar, Cantabria) », *Jour. of Archaeol. Sc.*, n° 40/11, 2013, p. 4098-4106.

25. http://www.hominides.com/html/actualites/nouvelles-datations-art-rupestre-parietal-lorblanchet-0624.php

26. J. Jaubert *et al.*, « Early Neanderthal constructions deep in Bruniquel Cave in southwestern France », *Nature*, n° 534, 2016, p. 111-114. J. Jaubert, « Que faisait Néandertal dans la grotte de Bruniquel ? », *Pour la science*, n° 465, juillet 2016 ; F. Savatier,

« D'étranges structures néandertaliennes découvertes dans la grotte de Bruniquel », *Pour la science (actualité)*, 25 mai 2016.

27. http://www.hominides.com/html/actualites/nouvelles-datations-art-rupestre-parietal-lorblanchet-0624.php

28. W. Rendu *et al.*, « Evidence supporting an intentional Neandertal burial at La Chapelle-aux-Saints », *PNAS*, n° 111/1, 2013, p. 81-86.

29. En fait, au Proche-Orient, une sépulture néandertalienne datée de 120 000 ans pourrait être présente à Tabun. Cependant, pour certains (notamment O. Bar Yosef) cette sépulture serait intrusive : c'est-à-dire qu'il s'agirait bien d'une sépulture néandertalienne mais plus récente (comme celle de Kébara), creusée dans des sédiments datant de 120 000 ans.

30. Au MIS 5 (de 130 000 à 71 000 ans), on retrouve des attestations de cannibalisme sur plusieurs sites, notamment l'Abri Moula en Ardèche et la grotte de Krapina en Croatie. Au MIS 4 (71 000 à 57 000 ans), on retrouve cette pratique en France dans le site de Marillac-les-Pradelles et dans le site de El Sidron en Espagne qui date de la fin du MIS 4 (l'âge des fossiles y serait compris entre 45 200 et 51 600 ans). Tout récemment, l'examen d'os provenant de néandertaliens datés de 40 500 ans de la grotte Goyet en Belgique découverte au XIXe siècle montre que la pratique du cannibalisme était bien répandue. Dans ce site, des outils en os « humain » ont même été façonnés ! *Cf.* chapitre 5, notes 6 et 7 ainsi que l'encadré « Qui mangeons-nous ce soir ? ».

31. A.M. Tillier, *L'Homme et la Mort. L'émergence du geste funéraire durant la préhistoire,* CNRS Éditions, 2013.

9. L'ARRIVÉE DU PERTURBATEUR SAPIENS DANS LA VIE DE NÉANDERTAL

1. Jean-Jacques Rousseau, *Émile ou De l'éducation*, livre I, Flammarion, Grands Philosophes, n° 1428, 2009, p. 1.

2. H. Moller, « Foods and foraging behaviour of Red (Sciurus vulgaris) and Grey (Sciurus carolinensis) squirrels », *Mammal Review*, n° 13/2-4, 1983, p. 81-98.

3. Encadré : J. Krause *et al.*, « The complete mitochondrial DNA genome of an unknown hominin from southern Siberia », *Nature*, n° 464/7290, 2010, p. 894-897.

4. B. Vandermeersch, *Les Hommes fossiles de Qafzeh*, Éditions du CNRS, 1981.

5. H. Valladas *et al.*, « Thermoluminescence dating of Mousterian Proto-Cro-Magnon remains from Israël and the Origin of modern man », *Nature*, n° 331, 1988, p. 614-616 ; C.B. Stringer *et al.*, « ESR dates for the hominid burial of Skhll in Israël », *Nature*, n° 338, 1989, p. 756-758.

6. F. Savatier, « Expansion de l'homme moderne : la voie arabe », [http://www.pourlascience.fr] www.pourlascience.fr, 8 février 2011 ; S. J. Armitage *et al.*, « The southern route "Out of Africa" : Evidence for an early expansion of modern humans into Arabia », *Science*, n° 331, 2011, p. 453-456 ; A. Lawler, « Did Modern Human travel Out of Africa via Arabia ? », *Science*, n° 331, 2011, p. 387.

7. L. Wu *et al.*, « Human remains from Zhirendong, South China, and modern human emergence in East Asia », *PNAS*, n° 107/45, 2010, p. 19201-19206 ; X. Song *et al.*, « Hominin Teeth From the Early Late Pleistocene Site of Xujiayao, Northern China », *AJPA*, 156, 2015, p. 224-240.

8. S. Condemi, « Le peuplement moustérien du Proche-Orient. À propos de la présence de Néandertaliens au Proche-Orient », *Bull. du CRFJ*, n° 5, 1999, p. 10-20.

9. Au MIS 5 (123 000 à 109 000 ans). H. Valladas *et al.*, « Thermoluminescence dates for the Neanderthal burial site at Kebara in Israël », *Nature*, n° 330, 1997, p. 159-160 ; R. Grün *et al.*, « ESR dating of teeth from Garrod's Tabun cave collection », *Jour. of Hum. Evol.*, n° 20, 1991, p. 231-248 ; N. Mercier *et al.*, « TL Dates of Burnt Flints from Jelineks Excavations at Tabun and their Implications », *Jour. l of Arch. Sc.*, n° 12, 1995, p. 495-509.

10. O. Bar Osef & B. Vandermeersch (éds), *Le Squelette moustérien de Kébara 2*, Éditions du CNRS, 1991 ; H. Suzuki & F. Takai, *The Amud Man and his Cave Site*. The University of Tokyo, 1970.

11. Y. Dodo *et al.*, « Anatomy of the Neandertal Infant Skeleton from Dederiyeh Cave, Syria », in T. Akasawa *et al.* (éds), *Neandertals*

and Modern Humans in Western Asia, Plenum Press, 1998, p. 323-338.

E. Trinkaus, *The Shanidar Neandertals*, Academic Press, 1993.

12. N. Teyssandier, *Les débuts de l'Aurignacien en Europe. Discussion à partir des sites de Geissenklösterle, Willendorf II, Krems-Hundssteig et Bacho Kiro*, Université de Paris X-Nanterre, thèse de doctorat, 2003 ; T. Tsanova, *Les Débuts du Paléolithique supérieur dans l'est des Balkans. Réflexion à partir de l'étude taphonomique et techno-économique des ensembles lithiques des sites de Bacho Kiro (couche 11), Temnata (couches VI et 4) et Kozarnika (niveau VII)*, Université de Bordeaux 1, thèse de doctorat, 2006.

13. S. Benazzi *et al.*, « Early dispersal of modern humans in Europe and implications for Neanderthal behavior », *Nature,* n° 479, 2011, p. 525-528.

14. C. Finlayson *et al.*, « Late survival of Neanderthals at the southern most extreme of Europe », *Nature*, n° 443, 2006, p. 850-853.

15. L. Longo *et al.*, « Did Neandertals and Anatomically Modern Humans coexist in Northern Italy during the late Oxigen Isotope Stage 3 ? », *Quaternary International*, n° 259, 2012, p. 102-112.

16. La taille proto-aurignacienne domine entre 40 000 et 35 000 ans, puis le cède à la taille aurignacienne ; vers 28 000 ans, la taille gravettienne se répand et sera pratiquée jusque vers 20 000 ans, mais en fait jusque vers 10 000 ans, puisque à l'est de l'Europe, elle sera prolongée par la taille épigravettienne, tandis qu'à l'ouest, la taille solutréenne s'épanouit pendant le maximum glaciaire entre 22 000 à 17 000 ans avant d'être remplacée par la taille magdalénienne au tardiglaciaire, c'est-à-dire à partir de 17 000 ans, à l'époque de la grotte de Lascaux. Si ces différentes cultures semblent s'enchaîner de façon abrupte et soudaine, les datations montrent qu'en réalité, elles se chevauchent et ont été souvent contemporaines, cohabitant parfois en des lieux géographiquement proches ou très éloignés.

17. S. Baune (de), *Chasseurs-cueilleurs. Comment vivaient nos ancêtres du Paléolithique supérieur*, CNRS Éditions, 2013.

18. L. Fernando *et al.*, « The Divergence of Neandertal and Modern Human Y Chromosomes », *AJHE,* n° 98/4, 2016, p. 728-734.

19. N. Sala *et al.*, « Lethal Interpersonal Violence in the Middle Pleistocene », *PLoS ONE,* n° 10/5, 2015, e0126589.

20. S. Churchill *et al.*, « Shanidar 3 Neandertal rib puncture wound and paleolithic weaponry », *Jour. of Hum. Evol.*, n° 57/2, 2009, p. 163-178 ; C. P. E. Zollikofer *et al.*, « Evidence for interpersonal violence in the St. Césaire Neanderthal », *PNAS,* n° 99/9, 2002, p. 6444-6448.

21. N. Pinjon Brown, *Choc et échange épidémiologique : Espagnols et Indiens au Mexique (1520-1596),* thèse Université Paris IV-Sorbonne, 2006.

22. J.P. Valet & L. Valladas, « The Laschamp-Mono lake geomagnetic events and the extinction of Neanderthal : a causal link or a coincidence ? », *Quatern. Sci. Rev,* n° 29, 2010, p. 3887-3893.

23. E. Morin, *Reassessing Paleolithic Subsistence. The Neandertal and Modern Human Foragers of Saint-Césaire,* Cambridge Academic Press, 2012.

24. B. Giaccio *et al.*, « The Campanian Ignimbrite and Codola tephra layers : two temporal/stratigraphic markers for the Early Upper Palaeolithic in southern Italy and eastern Europe », *Journal of Volcanology and Geothermal Research,* n° 177, 2008, p. 208-226 ; L.V. Golovanova *et al.*, « Significance of Ecological Factors in the Middle to Upper Paleolithic Transition », *Current Anthropology,* n° 51/5, 2010, p. 655-691.

25. P. Shipman, « Do the Eyes Have It ? », *American Scientist,* n° 100/3, 2012, p. 198 ; P. Shipman, *The Invaders – How Humans and Their Dogs Drove Neanderthals to Extinction,* Belknap Press, 2015.

26. R.E. Frisch, « The right weight : body fat, menarche and ovulation », *Baillière's Clinical Obstetrics and Gynaecology,* n° 4/3, 1990, p. 419-439.

27. P. Eiluned *et al.*, « New insights into differences in brain organization between Neanderthals and anatomically modern humans », *Proc. R. Soc.*, n° 280, 2013, p. 1758.

28. P. Gunz *et al.*, « Virtual Reconstruction of the Le Moustier 2 newborn. Implications for Neandertal ontogeny », *Paleo*, n° 22, 2011, p. 155-172 ; P. Gunz *et al.*, « A uniquely modern human pattern of endocranial development. Insights from a new cranial reconstruction of the Neandertal newborn from Mezmaiskaya », *J. Hum. Evol.*, n° 62/2, 2012, p. 300-313.

29. P. Mellars & J.C. French, « Tenfold Population Increase in Western Europe at the Neandertal – to – Modern Human Transition », *Science*, n° 333, 2011, p. 623-627.

30. R. Caspari & S.H. Lee, « Older age becomes common late in human evolution », *PNAS*, n° 101/30, 2014, p. 10895-10900 ; R. Caspari and S.H. Lee, « Are OY Ratios Invariant ? A Reply to Hawkes and O'Connell », *Jour. of Hum. Evol.*, n° 49, 2005, p. 654-659 ; R. Caspari and S.H. Lee, « Taxonomy and Longevity : A Reply to Minichillo », *Jour. of Hum. Evol.*, n° 49, 2005, p. 646-649.

31. F. Ramirez Rossi *et al.*, « Surprisingly rapid growth in Neanderthals », *Nature*, n° 428, 2004, p. 936-939. A. Mann *et al.*, « Décomptes de périkymaties chez les enfants néandertaliens de Krapina », *Bull. et Mém de la SAP*, n° 2, 1990, p. 213-220.

32. T.D.Weaver & J.J. Hublin, « Neandertal birth canal shape and the evolution of human childbirth », *PNAS*, 106/20, 2009, p. 8151-8156.

33. R. Caspari R & S.H. Lee, « Is human longevity a consequence of cultural change or modern biology ? », *Am. J. Phys. Anthropol*, n° 129/4, 2006, p. 512-517.

34. B. Chiarelli *et al.*, *I Neandertaliani. Comparsa e scomparsa di una specie*, Editioni Altra Vista (Systema Naturae), 2009.

10. Et si Néandertal dormait en nous ?

1. C. Darwin, *La Filiation de l'homme et la Sélection liée au sexe*, chapitre VIII, traduction Patrick Tort, Champion Classiques, 2013.

2. M.H., Wolpoff *et al.*, « Modern *Homo sapiens* Origins : A General Theory of Hominid Evolution Involving the Fossil Evidence from East Asia », in *The Origins of Modern Humans : A*

World Survey of the Fossil Evidence, F.H. Smith & F. Spencer (éds), Liss, 1994, p. 411-483 ; M.H. Wolpoff, « Modern Human Origins », *Science*, n° 241/4867, 1988, p. 772-774 ; M.H. Wolpoff, « Multiregional evolution : The fossil alternative to Eden », *in* P. Mellars & C.B. Stringer (éds), *The Human Revolution : Behavioural and Biological Persperctives on the Origins of Modern Humans,* Edinburgh University Press, 1989, p. 62-108 ; M.H. Wolpoff, « Theories of Modern human origins », in *Continuity and Replacement, Controversies in Homo sapiens Evolution,* G. Brauër & F.H. Smith (éds), Rotterdam Balkema, 1992, p. 65-74 ; M.H. Wolpoff, *Human Evolution* (1996-1997 edition), The McGraw-Hill Companies, College Custom Series, 1997.

3. R.L. Cann *et al.*, « Evolution of human mitochondrial DNA : a preliminary report », *Prog. Clin. Biol. Res.,* n° 103, 1982, p. 157-165 ; R.L. Cann RL &A.C. Wilson, « Length mutations in human mitochondrial DNA », *Genetics,* n° 104/4, 1983, p. 699-711.

4. M.H. Wolpoff *et al.*, « Multiregional, not multiple origins », *American Journal of Physical Anthropology,* n° 112/1, 2000, p. 129-136.

5. C.B. Stringer *et al.*, « The origin of anatomically modern humans in western Europe », in *The Origin of Modern Humans,* F.H. Smith &t F. Spencer (éds), New York, Alan Liss, 1984, p. 51-135 ; P. Mellars, « The impossible coincidence : a single-species model for the origins of modern human behavior in Europe », *Evolutionary Anthropology,* n° 14, 2005, p. 12-27 ; P. Mellars, « Archeology and the dispersal of modern humans in Europe : Deconstructing the "Aurignacian" ». *Evolutionary Anthropology,* n° 15, 2006, p. 167-182 ; P. Mellars, « Why did modern human populations disperse from Africa ca 60 000 year ago ? A new model », *PNAS,* n° 103, 2006, p. 9381-9386.

6. R.E. Green *et al.*, « A complete Neanderthal mitochondrial genome sequence determined by high-throughput sequencing », *Cell.,* n° 134, 2008, p. 416-426.

7. R.E. Green *et al.*, « A draft sequence of the Neandertal genome », *Science,* n° 328, 2010, p. 710-722.

8. B. Vernot & J.-M. Akey, « Resurrecting Surviving Neandertal Lineages from Modern Human Genomes », *Science*, n° 343, 2014,

p. 1017-1021 ; S. Sankararaman *et al.*, « The genomic landscape of Neanderthal ancestry in present-day humans », *Nature*, n° 507/7492, 2014, p. 354-357.

9. M. Kuhlwilm *et al.*, « Ancient gene flow from early modern humans into Eastern Neanderthals », *Nature*, n° 530, 2016, p. 429-433 ; F. Savatier, « Le très vieux métissage des néandertaliens de l'Altaï », *Pour la science (SciLogs)*, 6 mars 2016.

10. M. Mirazon & R. Foley, « Human Evolution in Late Quaternary Eastern Africa », in *Africa from MIS 6-2 : Population Dynamics and Paleoenvironnments,* S.C. Jones & B.A. Stewart (éds), *Vertebrate Paleobiology and Paleoanthhropology,* series, Springer, 2016, p. 215-231.

11. J.-J. Hublin *et al.*, « New fossils from Jebel Irhoud, Morocco and the pan-African origin of Homo sapiens », *Nature*, n° 546, 2017, p. 289-292.

12. Q. Fu *et al.*, « Genome sequence of a 45 000-year-old modern human from western Siberia », *Nature*, n° 514, 2014, 445-449 ; F. Savatier, « L'ADN de l'homme d'Ust'-Ishim livre date le métissage Néandertal-Sapiens », *Pour la science* (Actualités), 7 mars 2014.

13. La datation est de 54 700 ± 5 500 BP, elle a été réalisée par uranium-thorium à partir du mince film de calcite qui recouvre le crâne ; I. Hershkovitz *et al.*, « Levantine cranium from Manot Cave (Israel) foreshadows the first European modern humans », *Nature*, n° 520/7546, 2015, p. 216-219.

14. Seguin-Orlando *et al.*, « Genomic structure in Europeans dating back at least 36 200 years », *Science*, n° 346/6213, 2014, p. 1113-1118.

15. S. Benazzi *et al.*, « Early dispersal of modern humans in Europe and implications for Neanderthal behavior », *Nature*, n° 479, 2011, p. 525-528.

16. F. H. Smith *et al.*, « The assimilation model, modern human origins in Europe, and the extinction of Neandertals », *Quaternary International,* n° 137, 2005, p. 7-19 ; D. Frayer & M.H. Wolpoff, « Neanderthal dates debated », *Nature*, n° 356, 1992, p. 200-201 ; D. Frayer, « The persistence of Neanderthal features in post-Neanderthal Europeans », in *Continuity or Replacement : Controversies in Homo sapiens Evolution*, G. Bräuer & F.H. Smith (éds), Rotterdam,

Balkema, 1992, p. 179-188 ; D. Frayer *et al.*, « Multiregional evolution : A world-wide source for modern human populations », in *Origins of Anatomically Modern Humans,* M.H. Nitecki & D.V. Nitecki (éds), New York, Plenum. 1994, p. 176-200 ; D. Frayer, « Perspectives on Neanderthals as ancestors », in *Conceptual Issues in Modern Human Origins Research*, G.A. Clark & C.M. Willermet (éds) New York, Aldine de Gruyter, 1997, p. 220-235 ; D. Frayer & D.L. Martin, *Troubled Times : Violence and Warfare in the Past*, Amsterdam, Gordon and Breach, 1997 ; D. Frayer *et al.*, « Modern human ancestry at the peripheries : A test of the replacement theory », *Science*, n° 291, 2001, p. 293-297 ; D.Frayer, « Testing theories and hypotheses about modern human origins », in *Physical Anthropology. Original Readings in Method and Practice*, P.N. Peregrine *et al.* (éds), Englewood Cliffs : Prentice-Hall, 2002, p. 174-189.

17. F.H. Smith, « Additional Upper Pleistocene human remains from Vindija Cave, Croatia, Yugoslavia », *Am. J. Phys. Anthrop.*, n° 68, 1985, p. 375-383 ; F.H. Smith, « The role of continuity in modern human origins », in *Continuity or Replacement : Controversies in Homo sapiens Evolution*, G. Bräuer & F.H. Smith (éds), Rotterdam, Balkema, 1992, p. 145-155 ; J.C.M. Ahern, « The late Neandertal supraorbital fossils from Vindija Cave, Croatia : a biased sample ? », *Journal of Human Evolution,* n° 43, 2002, p. 419-432.

18. C. Duarte *et al.*, « The early upper Paleolithic human skeleton from the Abrigo do Lagar Velho (Portugal) and modern human emergence in Iberia », *PNAS,* n° 96, 1999, p. 7604-7609.

19. I. Tattersall & J.H. Schwartz, « Hominids and hybrids : the place of Neanderthals in human evolution », *PNAS,* n° 96, 1999, p. 7117-7119.

20. E. Trinkaus E. & J. Zilhão, » A Correction to the Commentary of Tattersall and Schwartz Concerning the Interpretation of the Lagar Velho 1 Child », 1999 , http://www.ipa.min-cultura.pt/docs/eventos/lapedo/lvfaq_corr.htm

21. E. Trinkaus *et al.*, « An early modern human from the Peştera cu Oase, Romania », *PNAS,* n° 100/20, 2003, p. 11231-11236.

22. L. Longo *et al.*, « Did Neandertals and Anatomically Modern Humans coexist in Northern Italy during the late Oxigen

Isotope Stage 3? », *Quater. Int.*, n° 259, 2012, p. 102-112 ; S. Condemi *et al.*, « Possible interbreeding in late Italian Neanderthals ? New data from the Mezzena Jaw Monte Lessini, Verona, Italy », *Plos-One*, 8/3, 2013, e59781.

23. S. Benazzi *et al.*, « Early dispersal of modern humans in Europe and implications for Neanderthal behavior », *Nature*, n° 479, 2011, p. 525-528. L'appartenance de ces dents humaines sapiens aux niveaux uluziens (une industrie de « transition » propre aux péninsules Italique et Balkanique) a été remise en cause ainsi que la datation effectuée sur des coquillages trouvés dans les mêmes strates. W.E. Banks *et al.*, « Human-climate interaction during the Early Upper Palaeolithic: testing the hypothesis of an adaptive shift between the Proto-Aurignacian and the Early Aurignacian », *J. Hum Evol*, n° 64, 2013, p. 39-55 ; A. Ronchitelli *et al.*, « Comments on "human-climate interaction during the Early Upper Paleolithic: testing the hypothesis of an adaptive shift between the Proto-Aurignacian and the Early Aurignacian" by William E. Banks *et al.* », *J. Hum. Evol.*, n° 73, 2014, p. 107-111 ; J. Zilhao *et al.*, « Analysis of site formation and assemblage integrity does not support attribution of the Uluzzian to modern humans at Grotta del Cavallo », *Plos-One*, 2015, e0131181 ; J. Zilhao *et al.*, « *Cogito, Ergo agenda Actionis sum*, philosophical (and other) transactions on the grotta del Cavallo, the science of Archeology, and the Ethics of Publication », 2015, blog post. Même après en avoir débattu des années durant, les préhistoriens ignorent toujours dans quelle couche ces dents étaient contenues, et par là leur âge. Cela illustre la difficulté de l'interprétation des résultats de fouilles en grotte quand les strates ont été perturbées, ce qui arrive souvent… La chose est encore plus difficile quand les fouilles datent de plusieurs décennies.

24. L'attribution néandertalienne à partir de la sequence HV1 de l'ADNmt effectuée par PCR est remise en cause par une étude effectuée à partir d'analyse d'ADN de nouvelle génération (nommée NGS). Cependant, cela ne remet pas en cause notre raisonnement appliqué à ce fossile dans un site moustérien de néandertaliens tardifs et l'hypothèse de mélange soutenu dans cet

ouvrage, confirmé au moins par un autre site européen, à Oase. Q. Fu *et al.*, « An early modern human from Roumania with a recent Neanderthal ancestor », *Nature*, n° 524, 2015, p. 216-219.

25. F.L. Mendez *et al.*, « The Divergence of Neandertal and Modern Human Y Chromosomes », *The American Journal of Human Genetics*, n° 98/4, 2016, p. 728-734.

26. T. Higham *et al.*, « The timing and spatiotemporal patterning of Neanderthal disappearance », *Nature*, n° 512, 2014, p. 306-309.

27. F.L. Mendez *et al.*, *op. cit.*

28. E. Zubrow, « The demographic modelling of Neanderthal extinction », in *The Human Revolution : Behavioral and Biological Perspectives on the Origin of Modern Humans*, P. Mellars & C.B. Stringer (éds), 1989, p. 212-231.

29. P. Shipman, *The Invaders*, Harvard University Press, 2014.

30. P. Jouventin, « La domestication du loup », *Pour la Science*, n° 423, 2013.

31. Communication orale à F. Savatier

32. R. Caspari & S.H. Lee, « Older age becomes common late in human evolution », *PNAS*, n° 101/30, 2004, p. 10895-10900.

LE TESTAMENT DE NÉANDERTAL

1. L'illustration du fait que cette notion de croissance est au centre de nos préoccupations de sapiens est par exemple cette page de l'Institut national de la statistique et des études économiques http://www.insee.fr/fr/themes/document.asp ?reg_id=0&ref_id=ECOFRA09c, ou encore dans ce rapport du conseil d'analyse économique http://www.cae-eco.fr/Le-partage-des-fruits-de-la-croissance-en-France.html

2. Pour démontrer l'impossibilité de l'interfécondité, des professionnelles ont été payées pour s'accoupler avec des chimpanzés !

3. Jeremy Button était un enfant de 14 ans de la Terre de Feu qui, après avoir été payé d'un bouton de nacre, fut emmené en Angleterre en 1830 par le capitaine Robert FitzRoy à bord du *HMS*

Beagle en Angleterre avec trois autres membres de son ethnie (Yámana). Pendant cinq ans, lui et deux autres compagnons survivants furent « éduqués » et évangélisés. On lui enseigna notamment l'anglais et les « bonnes manières ». Il rencontra le roi Guillaume IV et la reine Adélaïde. Puis, après cinq ans, le capitaine FitzRoy reprit la mer sur le *HMS Beagle* (le bateau emmenant Darwin dans son tour du monde) et ramena les trois Yámana chez eux. Très vite, Jeremy se débarrassa de ses vêtements et de ses habitudes européennes. Quelques mois après son arrivée, amaigri, il allait, vêtu d'un pagne et les cheveux longs et refusa l'offre de revenir en Angleterre, même si toute sa vie il conserva un bon niveau d'anglais. Il aurait joué un rôle dans le massacre d'un groupe de missionnaires dans la baie Wulaia en 1859. Il meurt en 1866 et l'un de ses fils, connu sous le nom de Threeboy, est emmené en Angleterre par un missionnaire.

4. Depuis 2007, un vaste projet scientifique dénommé *Human Microbiome Project* vise à séquencer tous les gènes ou génomes, des micro-organismes vivant normalement chez l'homme, à partir d'échantillons, prélevés dans la bouche, la gorge et le nez, sur la peau, dans le tube digestif, et dans le tractus urogénital féminin et masculin : Human Microbiome Jumpstart Reference Strains Consortium, « A catalog of reference genomes from the human microbiome », *Science*, n° 328, 2010, p. 994-999.

5. Les coprolithes néandertaliens sont très rares, ce qui suggère que Néandertal évitait de polluer son campement ; même si certains ont été identifiés, encore faut-il qu'ils recèlent des restes de l'ADN d'organismes vivant dans les intestins.

Table des matières

Mise en page par
Pixellence/Meta-systems
59100 Roubaix

Cet ouvrage a été achevé d'imprimer en octobre 2017
dans les ateliers de Normandie Roto Impression s.a.s.
61250 Lonrai
N° d'impression : 1704517
N° d'édition : L.01EHBN000695.A003
Dépôt légal : octobre 2016

Imprimé en France